K FOOD

한식의 비밀·넷

K FOOD

한식의 비밀·넷

자문 · 정혜경
요리 · 노영희

캐다·따다·뜯다

캐다
따다
뜯다

나물 민족의 식생활, 채집 문화

인간이 지닌 손이라는 유일한 도구로
짚이나 싸리 등을 엮고 꼬아 만든 종다래끼.
산나물을 캘 때, 밭의 고추를 딸 때,
콩이나 씨감자를 심을 때 아주 요긴한 도구였다.
짚풀생활사박물관 소장.

원산지는 아시아와 동유럽으로 추정하지만,
지금은 전 세계적으로 그리고 한반도 전역에 분포하는 냉이.
봄이면 밭둑, 논둑, 양지바른 들에서 무리 지어 자란다.
한국인은 봄에 캔 냉이로 된장국을 끓이거나
데쳐서 무침으로 즐겨 먹는다.

서울 경동시장에서 만나는 다양한 식재료.
남으로 전남 신안 비금도의 섬초, 동으로 경북 울릉도의 취나물,
북으로 강원도 쌈배추까지 나물 민족이 캐고 뜯은 나물이 지천이다.

머리글

나물, 캐다

뿌리, 캐다

나무 열매, 따다

해조류, 뜯다

캐고 따고 뜯어 만든 일상 한식

캐다
따다
뜯다

채집민의 후예, 한민족의 식생활

글 · 한경구(문화인류학자, 전 서울대학교 자유전공학부 교수)

국어대사전에
'나물' 자가 붙은 낱말은
무려 300종 가까이 나온다.
가히 한민족을
'나물 민족'이라 부를 만하다.
한민족의 나물은
논밭 이전의 석기시대,
채집민의 벌판으로
거슬러 오른다.

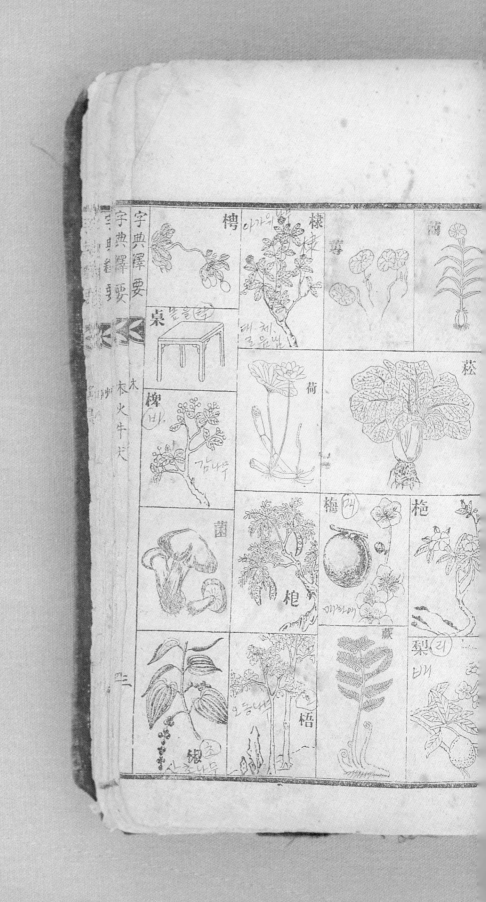

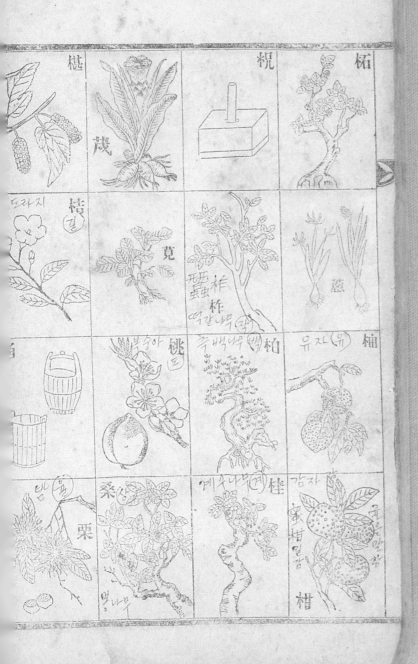

강원도 매봉산 자락에서
약초 캐던 강태현 농부가
간직한 식물 사전.
한학자인 아버지가
물려주신 것으로,
그는 이 식물 그림을 보며
먹을 수 있는 것,
독이 있는 것,
약초가 되는 것을
익혀나갔다.
강원도에서 화전민으로
살아가던 이들은
봄기운이 스멀거리면
부모에게 배운 대로
바구니와 작은 칼을 챙겨
산으로 향했다.

① 일본 역사에서 조몬 토기를 사용했던 시기를 구분해서 가리키는 용어로 대략 기원전 14000~13000년부터 기원전 1000~300년까지를 가리킨다. 한반도의 신석기시대 또는 빗살무늬토기 시대에 해당한다.

조선 후기 화가 장흥 마군후의 <촌녀채종村女採種>. 여인들이 망태와 호미를 하나씩 챙겨 들고 들나물을 캐고 있다. 간송미술관 소장.

밥과 함께!

한국인에게 나물이란 '밥과 함께' 먹는 밥반찬이다. '밥 대신 나물'을 먹는 것은 신선이 되려고 곡기를 끊거나 특별히 다이어트 중이 아니라면 심각한 위기 상황이다. 나물은 또한 밥이나 죽의 보족補足 식품으로도 사용한다. 밥을 짓거나 죽을 끓일 때 별미로 나물을 넣기도 하고, 곡식이 모자랄 때는 죽의 양을 늘리거나 먹은 것이 금방 꺼지지 않도록 근기를 불어넣기 위해서도 넣는다. 멀건 죽이라도 먹으면 '입에 풀칠하는 것'이지만 초근목피草根木皮에 의지하는 것은 농경민족에게 그야말로 굶어 죽어가는 비참한 상황이다.

나물은 식재료이기도 하고 음식이기도 하다. 국어사전에는 나물을 "사람이 먹을 수 있는 풀이나 나뭇잎 따위를 통틀어 이르는 말"과 더불어 "사람이 먹을 수 있는 풀이나 나뭇잎 따위를 삶거나 볶거나 또는 날것으로 양념하여 무친 음식"이라 나와 있다. 보다 간단하게는 "채소 따위를 갖은양념으로 무친 반찬"이라고도 한다. ↱ '나물 민족, 한국인' 40쪽

식재료로서 나물은 인간의 조상이 지구상에 등장한 이래 계속 먹어온 것이다. 약 1만 년 전 농경을 시작하기 이전까지, 학자들이 수렵·채집 시대라고 부르는 장구한 기간 동안 인간은 다양한 식물의 잎과 줄기와 뿌리와 열매와 꽃을 먹어왔다. 그러한 식물 가운데 일부는 길들여 재배하게 되었고, 다른 일부는 여전히 야생에서 채취하고 있으며, 나머지는 여러 가지 이유로 더 이상 잘 먹지 않는다.

예를 들어, 도토리는 신석기시대까지 인간의 최초 주식 가운데 하나라 일컬을 만큼 밤과 함께 탄수화물을 공급하는 매우 중요한 식량이었으나, 농경이 본격적으로 시작되고 곡물 생산이 증가하면서 유럽에서는 돼지 먹이가 되었다. 동아시아 국가 가운데에서도 한국에서나 떫은맛과 쓴맛을 제거해서 별미로 먹는다. 조몬(繩文) 시대①

에 도토리를 먹은 고고학적 흔적이 그렇게 많은 일본에서도 현재 도토리 음식은 찾아보기 힘들다.

반찬 또는 반찬 재료로서 나물은 밥, 즉 농경의 산물인 주식과 함께 먹도록 재배 또는 채집한다. 예나 지금이나 한국인의 밥상에 오르는 나물은 대부분 재배한 것이며 인간에 의해 길들여졌다. 한편 수렵·채집 시대에는 열량이 너무 적어서, 또는 쓴맛이나 독성 때문에 별로 인기가 없던 식물조차 '밥과 함께' 먹기에 좋으면 나물로 널리 사랑받았다. 먹을 것이 마땅치 않거나 급할 때 '밥 대신' 배를 채울 수 있는 것들도 역시 나물로 이용했다. 산과 들에서 나물을 캐는 것은 분명히 채집 행위지만, 한국인의 나물은 수렵·채집 행위의 지속이라기보다는 농경민족의 음식인 것이다.

나물이 다른 나라에서는 찾아보기 어려울 정도로 우리 식생활에서 중요한 위치를 차지하기 때문에 호서대학교 식품영양학과 정혜경 교수는 <채소의 인문학>에서 우리를 '나물 민족'이라고 불렀다. 쌀을 주식으로 하고, 김치와 불고기를 글로벌 음식으로 만들고, 치맥을 해외에 유행시키고, 한국 라면이 글로벌 시장을 휩쓸고 있지만 한국인은 니물 민족이기도 하다. 다양한 풀과 뿌리와 나뭇잎을 한국인처럼 양념해서 밥반찬으로 먹는 민족은 우리가 잘 알고 있는 니라 가운데에서는 찾아보기 어렵기 때문이다.

한국인은 어쩌다 나물 민족이 되었을까? 인류의 조상은 세계 각지에 퍼져 살며 장구한 세월 동안 수렵과 채집을 하며 진화했다. 농경을 시작하고 가축을 길들이기 전까지 수없이 많은 식용식물을 먹어왔고, 현존하는 수렵·채집민은 다양한 식물을 식량으로 먹고 있다. 그런데 왜 유독 한국인만 나물 민족이 된 것일

까? 인간의 진화 과정에서 음식은 어떤 역할을 했는가? 한국인은 어떤 식물을 나물로 선택했을까? 이러한 질문에 대답하기 위해서는 먼저 인간의 진화 과정 속 음식과 요리를 살펴보아야 한다.

요리하는 동물, 인간

진화의 역사가 곧 음식의 역사 음식의 역사는 인간의 진화와 궤를 같이한다. 인간이 먹는 음식은 신체를 만들며, 생존과 권력과 상징 등 인간의 다양한 활동에 큰 영향을 미치고 이를 제한하며, 우월한 영양 공급은 짝짓기·임신·출산·육아 등을 유리하게 만들어 인간의 진화에 직간접적으로 영향을 미치기도 한다.

인간의 아득한 조상은 아마도 채식을 한 것으로 추정한다. 육식만 하면서도 별 탈 없는 사람이 있다고 하지만, 대부분의 사람은 고양이처럼 육식만 할 경우 소화하는 데 한계가 있다. 자칫하면 단백질 중독(protein poisoning, rabbit starvation)으로 사망에 이르기도 한다. 유인원이 인간으로 진화하는 과정에서 먼저 분리된 고릴라는 지금도 채식을 하고 가장 늦게 분리된 침팬지는 채식을 주로 하면서 이른바 '기회주의적 육식'을 하는데, 인간은 잡식을 한다.

고기, 고기, 고기… 인간이 살인 원숭이의 후예라고? 인간의 아득한 조상은 대략 330만~350만 년 전쯤에 고기를 먹기 시작한 것으로 추정한다. 인간이 '살인 원숭이(killer ape)' 후예라는 주장은 두 차례의 세계대전으로 끔찍한 살육을 겪고 난 1950~1960년대에 널리 받아들여졌다.

이러한 주장에 따르면, 유인원의 일부 계통이 채식 습관을 벗어나 사냥한 동물을 먹는 포식자가 되었는데, 특히 숲에서 나와 뜨겁고 평탄한 사바나 지역으로 이동하면서 다른 포식자를 피하고 사냥을 잘하기 위해 직립보행을 시작했다고 한다. 직립을 통해 자유로워진 손으로 무기의 제작과 사용이 가능해지면서 사냥감을 보다 효과적으로 잡을 수 있었다. 또한 대형 동물을 포획하기 위한 복잡한 사냥 전략, 여러 사람의 행동 조정과 커뮤니케이션을 위한 사회적 조직과 언어 능력, 정교한 무기의 디자인·제작 등과 관련해 뇌 용량이 점점 증가했다. 이들 인류의 조상은 다른 영장류와 달리 매우 공격적이고 폭력적이었으며, 현재 우리 가운데에도 그러한 살인 본능과 폭력적 충동이 아직 남아 있다고 한다.

이렇게 보면 인간의 중요한 특징이나 진화의 추진력은 모두 남성의 행동인 사냥과 폭력 그리고 전쟁 등과 관련이 있다. 이는 남자가 사냥해서 가져온 고기를 얻어먹으며 아이를 돌보는 여성은 인류의 진화 과정에서 별로 기여한 것이 없다는 이야기가 된다. 역사가 아무리 남자의 이야기라고는 하지만, 아득한 선사시대까지 남성 중심 사관이 투사되고 있는 것이다.

그러나 고고학적 증거를 보면 우리의 아득한 조상은 멋지고 위대한 사냥꾼이 아니었던 것 같다. 각종 곤충, 작은 동물 그리고 포식자 동물이 사냥해서 먹고 남긴 것을 먹는 초라한 존재, 즉 청소동물(scavenger)이었다고 추정한다. 다른 동물이 사냥한 것을 빼앗아 먹기도 했을 테지만, 때로는 사냥을 당하는 불쌍한 운명이었을지도 모른다.

여성의 채집이 더 중요했건만 우리의 아득한 조상은 주로 고기만 먹은 게 아니었다. 매우 다양한 식물과 함께 고기를 먹었다. 그리고 대부분의 식량은 남성의 수렵보다는 여성의 채집 활동을 통해 얻었다. 수렵·채집민의 식단과 식량 획득 방식은 환경에 따라 매우 다양하고 상이했지만 극한 지방에 살고 있는 이누이트(에스키모) 등을 제외하면 대개 식량의 70~80% 이상이 식물 자원이었다. 이러한 사실이 밝

한반도 여성의 채집 활동에서 나물이 차지하는 부분은 적지 않다. 그에 따른 지혜로운 조리법도 발달했는데, 산과 들에서 캔 나물 중 고사리, 원추리, 씀바귀 등 유독 쓴맛 나는 것은 끓는 물에 삶고 다시 우려내는 과정을 거쳐 볶아서 먹었다. 사진은 독을 제거하기 위해 삶은 고사리를 물에 담가놓은 것이다.

혀지면서 인간의 진화 과정에서 '사냥꾼 인간(남성)'이 중요한 역할을 했다는 주장은 급속히 힘을 잃었다. 오히려 임신과 출산, 육아 과정에서 서로 의존하고 협력해야 했던 여성들의 사회성이 더욱 높이 평가받기 시작했다. 물론 남성도 채집에 종사하는 경우가 있었고, 여성도 종종 사냥에 참여했지만 채집은 대개 여성의 일이었다.

이러한 분업의 결과는 참으로 묘했다. 식량의 겨우 20% 남짓에만 기여하는 남성이 여러 수렵·채집 사회에서 80%를 기여하는 여성보다 더 큰 위세를 누리게 된 것이다. 식물 자원 채집은 상대적으로 접근하기 쉽고 안정적이며 어린아이도 가능한 일이어서 이른바 '폼' 나지 않고 '귀한' 일이 아니라고 여겼던 듯하다. 한편 대형 동물의 사냥은 변동이 심하고 성공 가능성이 매우 낮지만, 오히려 그렇기 때문에 '폼' 나는 일이며 고기는 '귀한' 것이 되었다. 특히 집단이 공유하는 대형 동물의 고기는 이를 사냥한 남성의 위세를 높여주었다. 기여도가 낮은 남성이 위세를 더 누리다니, 수렵·채집 시대에도 세상은 참 불공정했던 것 같다.

못 먹던 것을 먹을 수 있게 되다 사냥도 물론 그렇지만 채집은 주변 환경에 대한 매우 상세한 지식과 정보를 필요로 하며, 식량 자원을 획득하고 이용하는 방법에 관한 지식과 정보는 기억·학습되어야 한다. 한편 호기심과 시행착오는 이용 가능한 식량 자원의 범위 확대와 스마트한 소비에 매우 중요한데, 이는 종종 위험을 감수하고 용기를 필요로 한다. 중국 신화에서 농업과 의약의 신으로 알려진 신농씨神農氏는 자연의 온갖 풀을 맛보고 효능을 시험하다 매일 수십 번이나 중독되었으며, 결국 독초 때문에 죽었다고 한다. <걸리버 여행기> 작가 조너선 스위프트Jonathan Swift도 "굴을 제일 처음 먹은 이는 용감한 사람이었을 것이다"라고 했을 정도다.

식량 획득(수렵, 채집 등) 및 소비(요리, 보관, 저장 등)와 관련한

한국의 봄철을 대표하는 식재료 두릅.
4~5월에 흙에서 돋아나는 땅두릅,
두릅나무에 달리는 새순인 나무두릅이 있다.
데쳐서 숙회로 먹거나 장아찌를 담가 먹는다.
함께 놓은 꽃은 '봄의 전령' 산수유꽃.

지식·능력은 단지 굶어 죽지 않는 것만이 아니라 후손을 남기는 데도 매우 중요하다. 그런데 인간이 먹을 수 있고 쉽게 손에 넣을 수 있는 게 항상 풍부한 것은 아니다. 계절의 변화, 자연재해, 심지어 기후변화도 식량 획득에 영향을 미치며, 다른 인간이나 종들과도 식량 자원을 두고 경쟁해야 한다. 또 산다는 것, 생명을 유지한다는 것은 다른 한편으로 생명을 지닌 다른 생물을 먹는 것인데, 잡아먹히는 생물은 당연히 다양한 방어 수단을 강구하기 마련이다.

복어처럼 독을 품거나 고슴도치나 거북처럼 물리적 방어 체계를 발전시킨 동물도 있지만, 아예 움직이지 못하는 식물은 방어 체계가 더욱 정교하고 강력하다. 인간 입장에서 볼 때 많은 식물이 딱딱한 껍데기 등 물리적 방어 수단과 함께 다양한 독성 물질과 혐오스러운 맛 등으로 이루어진 화학적 방어 체계를 지니고 있다. 어떤 것은 특정 시기에만 독성을 품기도 한다. 인간이 섭취하는 대부분의 식량 자원은 조금씩, 다양하게 먹을 때는 별문제가 없지만 집중적으로, 또는 지나치게 많이 먹으면 해로운 것이 대부분이다. 한편 다른 동물에게 잡아먹히는 방법을 이용해 자손을 퍼뜨리는 전략으로 점점 발전시킨 식물도 있다. 이런 식물은 일부 동물에게 더욱 매력적인 먹이를 제공하도록 진화해왔다.

인간에게 음식의 역사란 이렇게 먹을 수 없는 것과 먹기 힘든 것을 먹을 수 있고 먹기 쉬운 것으로 만들어온 역사다. 과거에는 먹지 않던 것, 또는 먹는 게 아니라고 여기던 것을 먹어온 역사이며, 동일한 식재료에서 더욱 많은 열량과 영양소를 추출해온 역사이기도 하다. 전쟁에서 패하거나 기후변화 등으로 과거에 의존하던 식량 자원이 줄어들거나 그에 대한 접근이 어려워지면, 그동안 먹지 못했거나 내버려둔 자원을 새로이 식량으로 사용해야 한다.

인간은 요리하는 동물이다 요리라는 과정은 이러한 인간의 음식 역

② 베이징 원인, 자바 원인 등을 가리키며,
직립한 사람이라는 뜻으로 홍적세
초기에서 중기까지 생존했던 인류다.
석기를 만들었고, 뇌의 용적은 대개
1000cc로 오스트랄로피테쿠스의
두 배 정도 된다.

사에서 핵심이다. 음식물 섭취를 통해 인간이 인간으로 진화한 것은 요리 덕분이다. 불과 토기의 등장은 요리를 비약적으로 발전시키며 인간의 진화 과정에서 이루 말할 수 없이 큰 역할을 했다. 요리는 먹지 못하던 것을 먹을 수 있게, 먹기 어렵던 것을 먹기 쉽고 더 맛있게, 소화와 흡수가 용이하게 만들었다. 영국의 역사인류학자 리처드 랭엄 Richard W. Wrangham은 <요리 본능(Catching Fire)>에서 요리야말로 우리를 인간으로 만들었다고 주장했다. 역사 인류학자 잭 구디Jack Goody는 인류 최초의 책은 요리책이었을 것이라 추정한다. 인간을 정의하는 데는 도구 사용과 사회성·언어·지성 등 여러 가지가 있지만, 이미 200년도 더 전에 스코틀랜드의 전기 작가 제임스 보즈웰James Boswell은 인간을 "요리하는 동물"이라고 정의했다.

인간에게 요리가 얼마나 중요한지 살펴보자. 풀을 뜯어 먹는 소는 엄청난 소화기관을 가지고 있으며 계속 먹거나 되새김질한다. 영장류 가운데 초식을 하는 고릴라 역시 많이 먹어야 하고 튼튼한 턱과 위장을 갖고 있어야 한다. 그러나 인간은 불과 도구를 사용해 음식물을 부드럽게 만들고, 혐오스러운 맛이나 독성 물질을 제거하며 매우 다양한 음식을 먹는다. 그 가운데 일부는 칼로리도 높다. 인간의 위장은 체중이 비슷한 다른 포유류에 비해 표면적이 3분의 1이 채 되지 않으며, 상대적으로 작은 턱과 어금니를 사용해 음식을 먹으면서 효율적으로 더 많은 영양을 섭취한다.

먹기 쉽고 흡수하기 쉬운 것을 먹는다는 것은 치아와 턱의 부담을 덜어주며, 또한 거대한 소화기관을 가질 필요가 없다는 의미다. 나아가 식량을 구해서 이를 먹고 소화하는 데 걸리는 시간과 노력을 절약해 다른 일을 할 수 있다. 또한 칼로리가 보다 높은 음식을 먹는다는 것은 엄청난 열량을 소모하는 커다란 뇌를 감당하고 활용할 수 있다는 것을 의미한다. 대략 150만 년 전부터 호모에렉투스②의 뇌가 점점

인간이야말로 '요리하는 동물'이며, 인간의 역사란 음식의
역사다. 불과 도구를 사용해 과거에는 먹지 못하던 것을
먹을 수 있게, 먹기 힘든 것을 먹기 쉽게,
맛없는 것을 맛있게, 소화와 흡수가 용이하게,
같은 식재료에서 더 많은 열량과 영양소를 끌어냈다.
요리야말로 우리를 인간으로 만들었다.

커지기 시작했다는데, 역시 음식물과 관련 있는 것으로 보인다. 현재 인간의 뇌는 체중의 2%에 불과하지만 에너지의 20%를 사용한다.

다소 무리가 있지만 인간의 신체와 음식을 자동차에 비유하자면, 엔진과 연료 탱크는 작아지고 연료의 옥탄가는 높아져서 힘과 효율이 좋아졌다고나 할까. 인간의 대사율이 침팬지보다 27% 정도 높다는 연구도 있다. 그런데 농경이 시작되고 식생활에서 곡물에 대한 의존도가 높아지면서 이러한 경향은 더욱 심화되었다. 산업화한 농업과 축산업, 욕망을 자극하고 소비를 부추기는 식품 산업의 발달은 생활 습관의 변화와 함께 급기야 인간의 건강을 위협하기에 이르렀다. 무리한 비유를 계속하자면, 가솔린으로 가는 자동차에 옥탄가가 훨씬 높은 항공 휘발유를 넣는 격이라고나 할까. 그것도 연료 탱크가 이미 넘쳐흐르고 있는데도 계속 넣고 있는 것과 같다. 그러면서도 운행은 겨우 동네 한 바퀴 도는 정도다.

농경의 배신 농경이 정확하게 어떠한 과정을 거쳐 시작되었는지에 대해서는 아직도 모르는 것이 많지만, 우리 대부분 학교에서 농경의 시작으로 문명이 발전하기 시작했다고 배웠다. 즉 농경이 인간을 굶

주림에서 벗어나게 했고, 식량을 찾아 헤매던 유랑 생활을 끝내고 정착을 가능케 했으며, 잉여를 생산해 생계 활동에서 벗어난 사람들로 하여금 문명을 발전시킬 수 있게 만들었다는 것이다.

그러나 최근에는 이러한 '농경=문명' 담론을 의심하는 사람이 점점 더 늘어나고 있다. 농경은 인간을 안전하고 행복하게 만든 게 아니라 장시간의 노동, 영양 불균형, 질병, 계급과 착취 등 오히려 더욱 불행하게 만들었다는 것이다. 찬란하던 고대문명이 붕괴하거나 갑작스럽게 사라진 이유를 전쟁이나 천재지변보다 문명 스스로가 농경을 통해 초래한 환경 파괴와 질병으로 설명하려는 시도도 있다. 물론 이러한 목소리는 소수에 불과하며 '농경으로 시작되는 인류 문명의 발전'이라는 거대 담론을 거스르는 것이다. 제임스 스콧James C. Scott은 그래서 자신의 저서 제목을 아예 <Against the Grain>('주류에 거슬러서' 또는 '반反곡물'이라는 이중적 의미다. 한국어 번역은 <농경의 배신>)이라고 짓기도 했다.

현대의 수렵·채집민은 대개 오지로 밀려나서 살고 있다. 그러나 이들이 식량 획득에 보내는 시간이 짧고 영양을 골고루 섭취하고 있다는 사실이 밝혀지면서 일부 인류학자는 산업사회가 아니라 농경이 시작되기 이전이야말로 풍요로운 사회였으며, 따라서 수렵·채집 사회가 최초의 풍요로운 사회였다는 주장을 이미 1960년대에 펼치기 시작했다. 고고학적 증거는 농경이 시작되기 이전에 이미 인간이 정착 생활을 했다는 것을 보여주며, 아직도 야생 밀을 짧은 시간에 충분한 양을 쉽게 수확하는 것을 보면 이러한 주장은 상당히 설득력 있는 것 같다.

더구나 고인류학적 증거는 농경이 시작된 이후 곡물에 대한 의존도가 높아지면서 구석기시대와 비교할 때 이른바 문명사회를 사는 인간은 키도 작아지고 치아도 약해지는 등 전반적으로 영양 상태

국토의 산지 비율이 70%가 넘는 산의 나라, 한국.
예로부터 산이 가까운 곳에 살아온 한국인은
채집 민족이 될 수밖에 없었다. 사진은 수분을 가득 머금은
신새벽의 제주도 곶자왈.

와 건강이 나빠졌다는 것을 보여주고 있다. 물론 농민의 노동시간도 증가했으며, 가축을 길들이고 많은 사람이 밀집 정주 생활을 하면서 각종 전염병과 기생충도 늘어났다. 가장 심각한 문제는 권력에 의한 수탈과 전쟁 그리고 계급의 등장일 것이다.

인간의 키가 줄어든 것은 곡물이 우리 몸에 좋지 않기 때문이라기보다는 자신이 생산한 곡물을 수탈당하는 한편, 곡물 이외의 식량 자원을 이용하기 어렵게 되는 등 사회적 이유 때문이기도 하다. 더구나 농경은 흔히 믿고 있듯이 식량의 안정적 공급을 보장해주지 않았다. 생산력을 증대시키려는 관개 노력은 지력地力의 저하와 농지의 염화鹽化를 초래했으며, 인간에게 길든 소수의 곡물과 품종의 재배는 그만큼 병충해나 날씨 변화에 취약해졌다는 것을 의미하기도 한다. 수렵·채집 시대에도 종종 배고픔은 있었지만 기근은 없었다. 기근은 농경 이후에 시작되었다.

한국인은 어떻게 나물 민족이 되었을까?

인간의 진화 과정에서 음식과 요리의 중요성과 역할에 대해 살펴보다 보면 한국인이 어떻게 그리고 왜 나물 민족이 되었는지 그 이유를 짐작할 수 있다. 여러 가지를 생각할 수 있겠지만, 대략 다섯 가지로 정리해보겠다.

밥을 먹으려다 보니 한국인에게 "밥 먹었냐?"는 "식사했느냐?"라는 의미이며, "밥을 한다"는 "식사를 준비한다"는 뜻이다. 밥은 이렇게 압도적으로 중요해서 '주식'이라 하며, 한국인은 밥과 반찬, 즉 주식과 부식을 먹는 식사 구조가 형성되어 있다. 현대에 들어 쌀 소비는 급격히 줄어들고 빵과 국수 소비가 늘어나고 있으나 이러한 식사 구조는 아직도 변하지 않은 것 같다. 심지어 일품요리를 먹으면서도 밑반찬을 찾는다. 짜장면과 짬뽕은 단무지와 양파가 있어야 하고, 일본에 가서 우동이나 소바를 먹으며 다쿠앙(단무지)을 안 준다고 불평한다. 스테이크나 파스타를 먹을 때는 피클이라도 있어야 한다. 문화인류학자의 눈에는 햄버거 가게에서 중학생들이 감자튀김을 쏟아놓고 케첩에 찍어 먹는 모습이 식탁에 둘러앉아 반찬을 같이 먹는 광경과 크게 다르지 않다. ↱ 3권 '결핍에서 태어난 한국의 발효 문화' 16쪽

　밥과 반찬이라는 식사 구조가 언제 등장했는지는 모르지만, 농경이 시작된 후 확립된 것만은 틀림없다. 밥을 먹기 위한 반찬이기 때문에 농경민족의 나물 반찬은 흉년이 아니라면 수렵·채집 시대처럼 칼로리가 많거나 속을 든든하게 해주는 것이어야 할 필요가 없다. 밥을 맛있게 먹을 수 있으면 되고, 가급적 밥에 없거나 모자라는 성분을 보충해주면 된다.

　쌀밥이나 현미밥이 완전식품이라는 이야기를 믿지 않더라도, 열량 대부분을 밥이 해결해준다면 나물 반찬에 사용할 수 있는 식물의 범위는 엄청 넓어진다. 소금과 간장과 된장, 참기름과 들기름, 깨소금, 파, 마늘, 나중에는 고춧가루와 고추장, 설탕 등으로 양념을 한다면 독성이 없는, 아니 독성을 제거할 수 있는 모든 식물은 언젠가 나물 반찬 재료로 등장할 가능성이 있다. 구하기 매우 번거롭거나 먹을 수 있게 만드는 준비 절차나 요리 과정이 너무 성가시다면 물론 실격이지만 말이다.

　나물 종류가 수백 가지 넘는 것은 밥을 먹으려다 보니 그렇게 된 것이다. 한국인이 1000여 종 넘는 식물을 식용하는 것도 바로 밥과 함께 먹기 때문이다.

산이 많아서 … 농경민족에게 산이란 무엇인가? 오늘날 한국인의 식탁에 올라오는 작물은 대부분 재배한 것이며, 나물 반찬 재료도 밭에서 키운 것이 많다. 그럼에도 불구하고 산과 들과 갯가에서 캐는 나물

③ 지표면의 기복 크기를 나타내는 표시법. 일반적으로 일정한 지역에서 최고점과 최저점의 단순한 표고 차로 표시한다.

생명을 유지하는 데 필요한 것을 자연에서 직접 얻은 수렵·채집 시대에 한국인이 즐겨 채취한 것이 산나물이다. 사진은 제주 곶자왈 깊은 숲의 고사리.

은 여전히 한국인의 밥상에서 확고한 위치를 차지하고 있다.

한국은 산지 비율이 70%가 넘는 산의 나라다. 넓은 들이 있고 때로는 지평선이 보이는 곳도 있지만 대부분의 한국 사람은 산이 보이는 곳, 산과 가까운 곳에 살고 있다. 해발 300m나 600m가 넘지는 않더라도 기복량③ 100m 이상이면 국토부 기준으로 산이라고 한다. 때로는 그러한 기준에 미치지 못하는 언덕임에도 관행적으로 산이라 부르는 것도 많다. 농사를 짓거나 집이 들어선 곳, 물이 흐르거나 길을 제외하면 모두가 산이라고 해도 과언이 아닐 정도다.

농경민족에게는 논과 밭이 중요한 것 같지만 산도 매우 중요하다. 산이 많으면 농지가 당연히 좁아지기 마련이지만, 한편 그만큼 농민이 농사짓지 않고 먹을 수 있는 식물을 구할 여지가 많다는 의미도 된다. 수렵·채집 시대에는 채산이 맞지 않아서, 즉 투입한 노력에 비해 얻을 수 있는 열량이 너무 적어서 무시한 식물도 농경민에게는 좋은 나물 반찬이 되었다. 열량은 곡물에서 얻으면 되기 때문이다. 산이 많으니 나물도 풍부한 것은 당연하다.

한편 곡물이 모자라거나 기근이라도 닥치면 산의 존재는 그 어느 때보다 더욱 중요해진다. 평소에 먹던 나물이나 열매가 더 소중해지는 것은 물론, 그야말로 풀뿌리와 나무껍질에 의존해야 할 경우 산은 종종 아사餓死를 면하고 생존을 가능케 해주는 고마운 존재다. 산이 많아 농지가 적고 곡물이 넉넉하지 못하다고 불평할 수도 있지만, 만일 산 없이 농지만 있다면 큰 흉년이 들 경우 꼼짝없이 굶어 죽었을 것이다. 산이 있었기에 상당수가 그럭저럭 연명할 수 있었던 것 또한 사실이다. 농경민족인 한국인에게 산이란 위급할 때 생명을 구해주는 구명정 같은 존재이기도 하다.

불교와 채식 밥을 먹으니 밥반찬이 필요했고 산이 많으니 산에서 식량 자원을 얻는 방법이 발전한 것도 사실이지만, 불교 또한 나물을 열

나물 반찬을 먹으며 자란 사람들은 이것저것
주변의 식재료를 가지고 나물 반찬을 만들어보려고
시도할 것이다. 또한 새로운 식재료를 접하면
이것도 나물 반찬으로 만드는 도전을 해볼 것이다.

심히 먹는 계기가 되었다. 불교가 널리 퍼지면서 고려 시대에는 살생을 꺼려 고기를 점점 덜 먹게 되었다. 심지어 고려 후기에는 짐승 도살과 고기 요리법마저 쇠퇴했을 정도였다. 몽골이 침략한 이후 원나라와 밀접한 교류가 시작되면서 다시 도살이 늘어나고 고기 요리도 부활했다. 근대까지도 남아 있던 백정에 대한 차별은 짐승 도살을 피와 죽음뿐 아니라 북방 민족과도 관련시키는 태도에서 기인한 것인지도 모른다. 조선은 불교가 아닌 유교를 국가 이념으로 표방했기에 더 이상 동물의 살생을 일반적으로 꺼리지 않았으나, 농사에 중요한 역할을 하는 소를 도축하는 것은 상당한 규제를 받기도 했다.

고려 시대에는 육류를 덜 먹게 되면서 채소와 곡물을 사용한 요리가 발달하고, 다양한 맛을 내는 여러 방법이 등장했다. 한편으로는 육류를 대신해 기름진 맛을 내는 방법과 요리가 발전했지만, 다른 한편으로는 취향과 미각이 보다 담백한 방향으로 바뀌었을 것이다. 속세의 밥상이 어느 정도 사찰 요리를 닮아가는 현상이 나타났다고나 할까. 식재료에서 육류의 비중이 줄어들면서 좀 더 다양한 풀과 나뭇잎, 줄기, 뿌리, 열매에 대한 탐구와 실험이 늘어나고 나물 요리가 발전했을 것이다.

악식의 개척: 단군신화와 음식 영웅 웅녀 음식 역사란 앞에서도 강조했지만 먹을 수 없는 것, 먹기 어려운 것, 맛이 끔찍한 것 등을 먹을 수 있게, 먹기 쉽게, 그런대로 맛있게 먹을 수 있는 것으로 만드는 과정이다. 지금은 미식美食으로 여기는 것 중에도 한때는 맛없고 거친 음식, 즉 악식惡食이던 것이 매우 많다. 예컨대 아귀찜은 술꾼에게 인기가 최고이고 심지어 종합 영양제라는 예찬을 듣기도 하지만, 옛날에는 아귀가 잡히면 그냥 버렸다고 한다. 또 미국 최고급 레스토랑에서 비싸게 팔리는 바닷가재도 과거에는 아주 가난한 사람들이나 먹는 것이었으며 비료로 사용했다. 어부들은 그물에 걸려 올라오는 바닷가재를 수없이 버렸다고 한다.

악식은 시행착오와 궁리를 거쳐 악식의 지위를 벗어나기도 하고, 취향과 생활양식이 바뀌면서 미식의 지위를 획득하기도 한다. 하지만 인간이 애당초 악식을 먹은 것은 수행 등 종교적 이유도 있지만, 대개는 다른 먹거리가 턱없이 부족했기 때문이다. 흉작, 가난, 착취, 불평등, 차별 등 다양한 이유로 굶주리기보다는 악식이라도 먹으며 살아남아야 했던 것이다. 한편 조선 시대 성리학의 이념은 음식을 조절해 먹는 절음식節飮食을 강조했으며, 그 방법은 거친 음식, 즉 악식을 즐겨 먹는 것이었다는 점도 주목해야 한다. 악식은 가혹한 현실과 빈곤 때문이기도 하지만 당당한 철학적 근거를 가진 것이며, 양생養生과 치생治生을 위해 사대부가 마땅히 실천해야 할 것이기도 했다. 게다가 소비자 입장에서 보면 악식이 위정자 시각에서 보면 구황식救荒食이 된다.

나물은 밥을 맛있게 먹기 위한 탐색 과정을 거친 것도 있지만, 한반도에서 나는 먹을 수 있는 식물 1000여 가지 가운데 상당수는 악식에서 출발했을 가능성이 크다. 처음부터 인간이 먹기에 적합한 것도 있었겠지만 상당수는 시행착오를 거쳐 발전 또는 확립된 식재료로

한민족의 건국신화인 단군신화에도
나물은 중요한 소재로 등장한다.
곰이 사람으로 환골탈태하는
인고의 시간에 쑥과 마늘이 등장하는데,
여기에서 마늘은 시기상 달래나
명이나물로 봐야 한다는 것이 일반적 견해다.

준비와 조리 과정, 다른 재료와의 배합이나 양념 첨가 등을 통해 먹을 수 있게 되고 심지어 즐기게 된 것이다.

이렇게 보면 한민족 최초의 국가인 고조선의 건국 내용을 담은 단군신화는 맛이 끔찍하거나 먹기 힘든 것으로 배를 채우며 살아남아야만 했던 악식 개척의 스토리라고도 할 수 있다. 쑥(靈艾)과 마늘(蒜)처럼 맛이 맵고 써서 과거에는 먹지 못하던 것을 먹으며 시련을 극복한 성공 이야기인 것이다. 먹지 못하는 것을 먹는다는 것은 목숨을 내놓고 위험을 감수해야 하는 일이며, 인내심과 창의력이 필요한 일이기도 하다. 호랑이는 악식을 개척하는 데 실패해 인간이 되지 못했지만, 성공한 곰은 인간이 되어 환웅과 결혼해 단군을 낳는다. 단군신화는 악식의 개척을 통해 인간의 어머니 자격을 획득하는 과정을 이야기하고 있다. 웅녀는 아득한 고대의 음식 영웅인 것이다.

나물을 먹어왔으니까 나물을 먹어왔으니까 나물을 계속 더 먹게 되었다고 하면 동어반복이라며 피식 웃겠지만, 경로 의존성(path dependency)이라는 전문용어를 사용하면 그럴싸하게 들리지 않을까. 나물 반찬을 먹으며 자란 사람들은 이것저것 주변의 식재료를 가지고 나물 반찬을 만들어보려고 시도할 것이다. 또한 새로운 식재료를 접하면 이것도 나물 반찬으로 만드는 도전을 해볼 것이다.

감자는 신대륙에서 유럽을 거쳐 조선 후기에야 한반도에 들어왔는데, 감자(볶음)나물은 그런 감자를 가늘게 채 썰어 찬물에 담갔다가 얼른 볶아 만든다. 이런 아삭아삭한 음식을 만들 궁리를 하는 것은 온갖 식재료로 이런저런 나물 반찬을 만들어 먹어본 사람들이나 가능한 일이다. 요컨대 전을 먹어왔으니 감자로 감자전을 만드는 것이고, 나물을 먹어왔으니 감자를 나물로도 만들어 먹는 것이다. 그래서 나물을 먹어왔으니까 나물 민족이 되었다고 할 수 있다.

나물,
캐다

나물 민족, 한국인

글·정혜경(호서대학교 식품영양학과 교수)

한반도 산이나 들에 자생하는 냉이는
겨울이 추울수록 뿌리에서 나는 향이 더 강해진다.

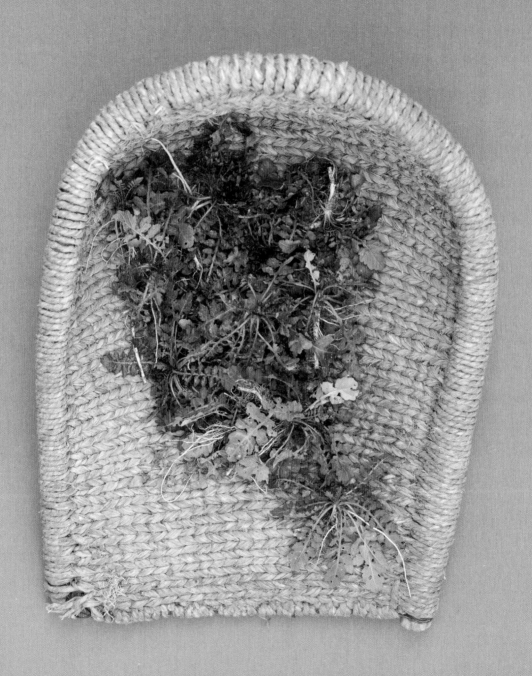

① 파이토phyto(plant, 식물)와
뉴트리언트nutrient(영양소)의 합성어.
이름 그대로 식물만이 가지고 있는
영양소라는 뜻으로, 건강을 유지하고
질병에 대한 자연 방어력을 부여하는
예방의학적 영양소를 말한다.
강한 항산화력으로 우리 몸 안의
다양한 활동에 영향을 미친다.

나물의 사전적 정의는 '사람이 먹을
수 있는 풀이나 나뭇잎 따위를 이르는
말'이지만, 오늘날 한국인에게 나물은
이를 조리한 음식의 이미지가 더욱
강하다. 봄나물의 대표 격인 냉이는
쌉쌀하면서도 향긋해 겨우내 잃은 입맛을
돋우기에 더없이 좋다.

한국의 전통 먹거리 체계에서 가장 중요한 것은 채소였다. 채소와 나물은 한민족의 생명줄이었다. 조선 시대 왕들은 백성을 먹여 살리기 위해 채소를 구황작물로 바라보았다.

그렇다면 21세기 한국인은 어떠할까? 상황은 크게 달라지지 않았다. 현재 미국에서 현대인의 만성 퇴행성 질환의 예방과 치료를 위해 찾고 있는 생리 활성 물질 대부분은 '파이토뉴트리언트phytonutrient'[①]라는 식물 영양소다. 실제 미국 정부가 제시하는 영양 섭취의 핵심은 하루 식사의 절반을 채소와 과일로 먹으라는 것이다. 그러고 보면 옛사람들은 연명하기 위해 채소를 먹었고, 현대인은 건강을 위해 채소를 찾는 셈이다.

채소는 한국인에게 각별한 먹거리로, 채소를 가장 다양하게 조리해 먹은 사람들 또한 한민족이다. 세계의 모든 채소 요리를 알 수는 없지만, 이렇게 채소를 다양하게 조리해 먹은 민족은 찾기 어렵다. 한민족을 '채소 민족'이라고 불러도 손색없는 이유다. 과거에는 자연환경 때문에 채소가 중요한 식재료였으며, 현재도 한국인은 세계적으로 채소를 많이 먹는 민족 중 하나다. 2015년 OECD 보고서는 회원국 중 한국의 채소 섭취량이 세계 1위라고 발표했다.

한반도에 사람들이 거주하기 시작한 구석기시대부터 한민족의 식생활 또한 시작되었다. 구석기인은 주로 과일이나 나무뿌리 같은 자연 식물을 채집하고, 동물을 사냥해 먹고 살았을 것이다. 그러다가 곡물 농사를 시작하고, 채소도 재배했다. 한민족의 수천 년 식생활 역사에서 채소는 곡식 못지않게 중요했다. 굶주림을 한자로 기근飢饉이라 표현한다. 기飢는 곡식이 여물지 않아 생기는 굶주림을 뜻하고, 근饉은 채소가 자라지 않아 생기는 굶주림을 뜻한다. 즉 곡식이 부족해도 굶주렸지만 채소가 부족해도 굶주렸다는 뜻이다. 이러한 굶주림 문제가 거의 사라진 현대에도 채소를 뺀 밥상은 생각하기 어렵다. 지금도 텃밭을 가꾸는 사람이 많지만, 조선 시대 선비들도 사는 곳 근처에 텃밭을 만들어 채소를 직접 가꾸며 일상의 반찬으로 삼았다. 채소는 농가뿐 아니라 청빈한 사대부의 생계 수단이자 여가 생활의 일부였으며, 풍류의 대상이기도 했다.

나물과 채소는 같은 말일까?

그렇다면 나물은 무엇이고, 채소는 무엇일까? 지금 혼용해 쓰고 있는 채소와 나물을 제대로 정의하는 일이 우선되어야 한다. 채소는 한자로 菜蔬라 쓰고, 소채蔬菜라고도 하며, 야채野菜 혹은 채마菜麻라고도 한다. 순우리말로는 푸성귀, 남새라 부른다.

　　그럼 한민족에게 가장 친숙하면서 널리 쓰는 말, 나물은 무엇일까? 한국인은 채소 자체를 보고도 나물이라 하고, 조리한 채소 반찬을 보고도 나물이라 한다. 나물의 사전적 정의는 "사람이 먹을 수 있는 풀이나 나뭇잎 따위를 이르는 말"이다. 그러나 오늘날 많은 한국인은 나물을 "사람이 먹을 수 있는 풀이나 나뭇잎 따위를 삶거나 볶아서 또는 날것으로 양념해 무친 음식"이라 인식한다. 이 책에서는 사전적 정의보다 한국인이 일상에서 쓰는 관습적 용어로서 나물을 이야기하고자 한다.

　　그렇다면 나물이라는 명칭은 과연 어디에서 시작되었을까? <명물기략名物紀略>에서 실마리를 찾을 수 있다. <명물기략>은 조선 후기 문인 황필수(1842~1914)가 각종 사물의 명칭을 고증해 1870년에 펴낸 책으로, 한국인의 옛 언어를 발굴하고 연구하는 데 필수적인 문헌으로 꼽힌다. 이 책에서는 채소의 발음을 '칙소'로 표기하고, "채소(칙소)는 풀 중에서 먹을 수 있는 것으로, 속언俗言으로 '라물羅物' '나물'이라 한다. 이는 '먹을 수 있는 것 중 비단과 같은 물건(其羅之食物)'이라는 의미다"라고 수록되어 있으니 한민족이 가장 흔히 먹어온 나물은 의외로 비단과 같은 귀한 것이었다고도 생각된다.

한국인이 가장 즐겨 먹는 나물

나물은 크게 산나물, 들나물 그리고 텃밭나물로 나눌 수 있다. 텃밭나물은 요즘 생긴 명칭으로, 오이·아욱·가지·깻잎·상추·부추·호박·쑥갓·고추·시금치·고춧잎 등이 있다. 산나물은 도라지·고사리·두릅·원추리·곰취·버섯 등이, 들나물은 돌나물·씀바귀·냉이·쑥·달래·머위·고들빼기 등이 있다. 요즘은 산나물이나 들나물도 비닐하우스에서 재배해 1년 내내 먹을 수 있는 까닭에 그 경계가 허물어지고 있는 실정이다.

　　예로부터 한민족은 어떤 채소를 나물로 먹어왔을까? 조선 시대 조리서에 등장하는 채소는 오이·아욱·가지·고구마잎·상추·두릅·부추·송이·구기·원추리·죽순·참버섯·국화 싹 등으로, 이들을 통틀어 소채라고 했다. 그렇다면 요즘 한국인이 가장 많이 먹는 채소는 어떤 것일까? 아마 한국인이라면 김치 재료가 되는 배추와 무를 가장 먼저 떠올릴 것이다. 현재 '식품수급표' 기준으로

② 고려후기 승려 일연이
신라·고구려·백제의 유사를 편년체로
서술한 역사서.

예나 지금이나 한국인에게 인기 높은
채소, 상추는 밥과 함께 싸 먹는 것이
일반적이다. 이는 다른 문화권에서는
보기 힘든 식습관이다.

살펴보면, 하루 배추 섭취량이 100g을 넘어서고 있어 가장 많고, 그다음이 무였다. 그런데 흥미로운 변화가 생겼다. 2005년 이후, 서양에서 들어온 양파가 무를 제치고 배추 다음으로 소비량이 많아진 것이다. 그 뒤를 서양 채소인 토마토가 잇고 있다. 1권 '요즘 한국인이 즐겨 먹는 식재료' 126쪽

나물 민족의 생명줄, 채소

한민족이 나물 민족임은 건국신화에서도 드러난다. 단군신화에서 곰은 인간이 되기 위해 100일 동안 마늘과 쑥만 먹어야 했다. 고려 때 일연이 <삼국유사三國遺事>②를 쓸 때 한자 '산蒜'을 써서 마늘이라고 했지만, 마늘은 후한 때 서아시아에서 중국으로 전래되었으니 웅녀가 먹었을 리는 만무하다. 시기상으로 보았을 때 한민족의 조상이 먹은 것은 산마늘(명이나물)이나 달래였을 것이다. 무엇이 됐든 이들 나물은 모두 특유의 강한 향으로 오래전부터 나쁜 기운을 쫓는 신성한 식물로 여겼다. 쑥은 모깃불을 태우는 재료로 썼는데, 실제로 나쁜 것을 쫓아주기도 한다.

지금도 대표적 쌈 채소로 아파트 베란다나 텃밭에서 많이 키우는 상추는 고려 시대에도 인기가 높았다. 심지어 원나라로 끌려간 공녀들이 심어서 먹는 것을 본 몽골인에게도 인기가 높아져 '천금채千金菜'라 부를 정도였다. 생채소에 밥을 올려 싸 먹는 쌈은 다른 문화권에서는 찾아보기 힘든 한민족만의 식습관이다. 일찍이 다산 정약용은 "유일하게 속여도 되는 것이 쌈을 먹으며 자기 입을 속이는 것"이라 했다. 다른 반찬 없이 얼마 안 되는 밥으로 포만감을 느낄 수 있는 가난을 상징하는 음식이기도 하고, 갓 수확한 싱싱한 채소로만 해 먹을 수 있는 풍요의 음식이기도 하다. 그러나 20세기 초에 나온 책 <조선무쌍신식요리제법朝鮮無雙新式料理製法>에서 저자 이용기는 "쌈이 비위생적이고 창피한 음식"이라 했으니, 같은 음식에 관한 평가가 시대에 따라 이렇게 다름을 알 수 있다. 2권 '보따리 민족의 쌈 문화' 23쪽

지금 한국인이 즐기는 채소 중에는 외국에서 들어온

버려질 것을 새로운 식재료로 변모시켜
'재생의 미학'을 실현한 나물도 있다.
바로 시래기와 우거지다.
시래기는 무청이나 배춧잎 말린 것을
일컫지만, 일반적으로는 무청을 새끼
등으로 엮어 처마 밑에서 말린 것을
말한다. 우거지는 대개 김장을 담그며
배추의 시들고 지저분한 겉잎을
떼어낸 것을 가리키며, 끓는 물에 살짝
데쳐 물기를 꽉 짜서 냉동 보관해두면
두고두고 먹을 수 있다.

것이 많다. 마늘처럼 이미 오래전에 들어온 채소도 있고, 최근에 이탈리아 음식이나 스페인 음식이 유행하면서 한국에서도 많이 키우게 된 지중해산 허브도 있다. 고추처럼 비교적 늦게 한반도에 들어왔지만 한국 음식에 완전히 동화된 것도 있고, 비슷한 시기에 조선에 들어왔지만 당시엔 실제로 먹지 않고 관상용으로만 재배해 이름조차 외래어 그대로인 토마토도 있다. 자생한 채소든 전래된 채소든 모든 채소가 한국인의 밥상을 풍요롭게 만들어주고 있다.

밥에서 과자로, 구황식에서 건강식으로

다양한 채소 조리법이야말로 한민족이 나물 민족이라는 근거가 된다. 밥부터 후식까지 채소로 만들지 못하는 요리가 없을 정도다. 채소밥, 채소죽은 곡물이 부족할 때 배를 채워준 구황식이었으나, 지금처럼 비만을 걱정하는 시대에는 훌륭한 다이어트식으로 대접받는다. 거의 모든 채소는 국 재료가 되는데, 채소 자체의 영양소와 쌀뜨물, 된장까지 더하니 보약이 따로 없다. 생으로 먹는 생채, 익혀서 먹는 숙채는 채소 저마다의 색과 맛을 살려 어떤 것은 소금만으로, 어떤 것은 갖은양념으로 맛을 낸다.

한국인의 조상이 특히 지혜를 발휘한 것은 추운 겨울 동안 먹을 수 있도록 채소를 보관하고 조리하는 기술이었다. 제철 나물은 생채나 숙채로 신선하게 즐기고, 먹고 남은 것은 햇볕에 말리거나 소금, 초 또는 각종 장이나 지게미③에 절여 보관했다. 김이나 다시마 등 해조류에 찹쌀풀을 발라 말려두었다가 그때그때 튀겨 먹는 부각, 온갖 채소를 장류나 식초 등에 담가 아삭한 식감을 즐기는 장아찌, 무청을 말린 시래기, 김치 담그고 버려질 배추 겉잎을 끓는 물에 삶은 우거지는 식물이 자라지 않는 겨울 동안 한국인에게 비타민과 무기질을 공급해준 훌륭한 보물이었다. 2013년 유네스코 인류무형문화유산으로 등재된 김장 문화는 그 지혜의 총아라 할 수 있다. ➦ 3권 '더불어 만드는 반년 양식, 김장' 107쪽

더 나아가 옛사람들은 겨울에 신선한 채소를 키워 먹기도 했다. 500여 년 전 장계향이 쓴 한글 조리서 <음식

한반도의 민중을 기근에서 구한 채소는 부녀자의
근심거리를 덜어주는 한편, 선비들의 안빈낙도를 도왔다.
산과 들, 바다에서 얻은 자연의 것을 다양하게 조리해
즐긴 나물이야말로 현대인의 건강과 지구의 미래를
보장할 식량이다.

디미방(閨壼是議方)>에는 '나물 먹는 시기가 아닐 때 나물을 먹는 법'이라는 의미의 "비시나물 쓰는 법"이라는 항목이 나와 있다. 마구간 앞에 움을 파고 파종한 후 거름을 부어 생기는 열로 새싹 채소를 재배하는 법으로, 화석연료로 온도를 높여 재배하는 지금의 비닐하우스 재배와 달리 친환경적 온실 재배라 할 수 있다.

한민족은 채소를 구황식이나 반찬으로만 먹지 않았다. 박완서의 대하소설 <미망>은 개성의 거상 일가를 다루는 만큼 인삼이 많이 등장한다. 인삼은 주인공 전처만과 손녀 태임에게 부를 가져다주는 수단일 뿐 아니라, 고급스러운 한과인 정과의 재료이기도 했다. 더덕과 도라지도 정과 재료로 많이 사용했음을 여러 고조리서에서 확인할 수 있다. 그뿐인가. 신사임당의 8폭 병풍 '초충도 草蟲圖'에서는 여덟 가지 채소와 과일이 색과 모양을 뽐내고 있다. 이처럼 채소는 다양한 형태와 색으로 시와 그림의 소재로도 많이 쓰였으며, 이 화려한 색이야말로 채소가 몸에 좋은 이유다. 식물은 자외선이나 외부 환경으로부터 자신을 보호하기 위해 파이토뉴트리언트 성분을 만들어내는데, 저마다의 향과 색이 바로 파이토뉴트리언트에서 유래한다. 식물뿐 아니라 사람의 몸에서도 질병에 대한 방어력을 갖는 데 유용하기 때문에 필수영양소는 아니지만 '제7의 영양소'라고 불리며 요즘 각광받고 있다.

한식의 건강성은 나물에서 나온다

시대와 사회를 막론하고 건강을 위한 섭생법 중 가장 확실하게 입증된 방법은

채소를 충분히 먹는 것이다. 한식 상차림에서 한 끼 식단의 채식과 육식 비율은 대략 8:2가 된다. 바로 나물이 이러한 채식을 가능케 한다.

한국인이 즐겨 먹는 채소류는 어떤 건강 기능성을 지닐까? 서울대학교 노화·고령사회연구소에서 장수 식품 연구의 일환으로 한국산 상용 식물 총 71종의 효과 분석 실험을 진행한 바 있다. 실험 결과 이들 식물에는 돌연변이 억제 효과, 암세포 독성 억제 효과, 항산화 효과, 면역 증진 효과 등이 있었다.

실험 결과에 따르면 쑥갓·풋고추·돌미나리·쑥·표고버섯·생강·파래·톳·매실·살구 등에는 돌연변이 억제 효과가, 무잎·부추·쑥갓·생강·깻잎·계피·후추 등에는 암세포 독성 억제 효과가 있었다. 항산화 효과는 갓·고들빼기·근대·부추·우엉·깻잎·냉이·돌나물·무잎·미나리·취나물·마·생강·돌미나리·쑥·쑥갓·브로콜리·딸기·자몽·바나나·방울토마토·매실·망고 등 다양한 채소와 과일은 물론 자몽과 오렌지 껍질에서도 나타났다. 그리고 면역 기능 증진 효과는 돌미나리·고들빼기·톳·생강·깻잎·잣 등에서 나타나 우리가 즐겨 먹어온 채소와 먹거리의 건강 효능이 속속 밝혀지고 있다.

지구의 미래를 생각하는 대안 음식

현재 세계가 공통적으로 맞닥뜨린 기후변화, 에너지 문제, 도시화, 기아 문제의 핵심에는 바로 먹거리가 있다. 채식 위주의 식생활은 곧 지구의 생명체를 살리는 일이다. 동일한 화석연료를 소모할 때, 동물성 식품에 비해 훨씬 많은 양의 식물성 식품을 생산하므로 기아 문제를 해결할 뿐 아니라 환경 보전에도 기여하기 때문이다.

현재 대다수 세계인은 육식으로 인한 만성질환으로 고통받고 있다. 채식에 기반을 둔 나물 문화는 서구식 식생활로 발생한 먹거리 위기를 헤쳐나갈 돌파구가 될 수 있다. 한민족이 오랜 세대에 걸쳐 전승해온 나물 문화는 육식 과잉으로 고통받고 있는 지구의 미래를 위한 대안이 될 것이다.

한국인이 사랑한 나물

취나물

햇나물인 날취는 볶음이나 무침으로
즐기는데, 데친 뒤 물기를 꼭 짜서
얼리거나 말리면 오래 즐길 수 있다.

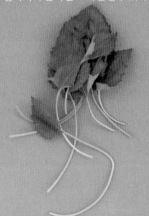

원추리

심신 안정에 좋아 '망우초'라고도
한다. 독성분이 있으므로 데쳐서
찬물에 2시간 정도 담가 쓴맛을 뺀다.

두릅

쌉쌀하면서 향긋한
맛이 일품으로,
어린 두릅 순은
봄나물 중에서도
맛과 향이 최고다.

참나물

생채로 먹으면 독특한
향취가 미각을
자극한다. 쌈이나
샐러드로 즐겨도
맛있다.

곰취

취나물의 일종으로, 부드럽고
쌉싸름한 맛이 특징이다. 봄철에
입맛을 돋우고 춘곤증을 예방한다.

방풍나물

'중풍을 막는다'는 뜻의 이름
그대로 약리 성분이 강하다.
특유의 향과 쌉쌀한 맛이 고기나
생선 요리와도 잘 어울린다.

당귀잎

약재로도 쓰이는 당귀는 살짝 매운
향과 씹히는 맛이 좋다. 예로부터
겨울철 비타민 보충제였다.

씀바귀

입맛 돋우는 특유의 쓴맛이
특징으로 면역력을 키워주고
항암 효과도 있다.

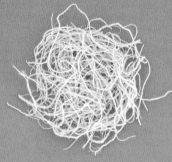

냉이

쌉쌀하면서도 향긋해 입맛을
돋워준다. 봄나물 중 단백질이
가장 많고 비타민이 풍부해
피로 해소에 좋다.

미나리

봄에 나는 야생 미나리를 최고로
꼽으며, 이를 돌미나리라고 한다.
특유의 향이 해산물의 비릿한 맛을
완화해준다.

머위

쌉쌀한 맛이 입맛을 돋우며,
비타민과 칼슘이 풍부하다.
줄기보다 잎에 영양분이 많지만,
모두 삶아서 나물로 즐긴다.

돌나물

풋풋한 자연의 풍미와
아삭한 식감이 돋보여
샐러드로 즐겨 먹으며,
물김치에 넣어도 제격이다.

쑥

특유의 향과 맛으로 잃었던 식욕도
되살려준다. 80g 정도면 비타민 A·C의
하루 필요량을 섭취할 수 있다.

달래

알싸하게 향긋한 맛이 일품이다.
특히 비타민 C가 많아 춘곤증 예방에
효과적이다. 파 대신 쓰기도 한다.

봄동

노지에서 겨울을 나며 자라는 봄동은
비타민 C가 풍부하다. 나물은 물론
겉절이, 국거리용으로 요긴하다.

가지

가을 가지가
여름 가지보다 씨가
작고 살이 단단하며
맛도 좋다.

오이

초여름 백오이를 시작으로
취청오이, 청오이가 이어진다.
그중 백오이의 껍질이 두껍지
않고 부드러워 나물용으로
적합하다.

풋고추

비타민 C가 사과의 20배에 달한다.
고추장이나 된장에 무치거나 조림,
장아찌 등으로 다양하게 즐긴다.

애호박

은근하게 쓴맛이 나는
서양의 주키니 호박과 달리
애호박은 담백한 단맛이 나
다양한 요리에 쓴다.

꽈리고추

쭈글쭈글한 표면과 달리
부드러운 식감이 일품이며,
멸치와 볶으면 맛있다.

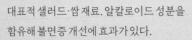

상추

대표적 샐러드·쌈 재료. 알칼로이드 성분을
함유해 불면증 개선에 효과가 있다.

유채

카놀라유 등 기름으로 쓰인다 하여
'기름(지름)나물'로도 불린다. 줄기, 꽃, 씨까지
모두 사용하지만 나물로는 잎만 즐긴다.

깻잎순

흔히 '깻잎'은 들깨의 잎을 가리킨다.
깻잎이 어리고 연할 때 채취한 것으로,
은은한 향이 매력적이다.

시금치

참기름과 통깨를 넣어
나물로 무쳐 먹으면
부족한 단백질과
지방을 보충하고
결석을 예방할 수
있다.

아욱

가을철에 맛이 가장 좋은 아욱은
오래 삶을수록 맛과 향이 좋아진다.
나물, 국, 죽으로 많이 즐긴다.

부추

볶으면 매운맛이
덜해지고, 단맛이
올라간다.
생채로 고기와
먹으면 금상첨화다.

쑥갓

특유의 향이 매력적이며
서양에서는 화초로
키우지만 해독 작용이 뛰어나
한국에서는
생선 요리에 곁들이거나,
나물로 즐긴다.

*가지, 오이, 애호박, 고추 등 볶거나 무쳐서 나물로 즐기는 채소는 텃밭나물로 함께 소개한다.

전국 나물 타령

잡아 뜯어 꽃다지
쏙쏙 뽑아 나싱게
주벅주벅 국수뎅이
바귀바귀 쓴바귀
쪼가리쪼가리 박쪼가리
이개저개 지칭개
오용오용 말냉이
한 푼 두 푼 돈나물
-충남 천안 지방의 나물 타령

아장아장 나물 가자 무슨 나물 가자느냐
개똥밭에 돌미나리 아삭바삭 도려다가
청강수 물에 싹 데쳐서 한강 물에 흔들어서
어머님은 은반상이요 아버님은 금반상이요
오라버닌 꽃반상이요
-경기도 고양 지역의 나물 소리

고사리 고사리 요 못 살 고사리
너를 꺾으러 여기 왔든 임을 보러 여기 왔지
일락서산에 지는 해에 임 아니 오는 분풀이로
애꾸진 고사리만 목을 배틀어 꺾는다네
고사리 고사리 고사리 얄미운 고사리
하도 날 데가 없기로서니 바위틈에 가 돋았느냐
시집살이 고생살이 핑계가 좋은 고사리를
죄 없는 고사리만 목을 배틀어 꺾는다네
고사리 고사리 고사리 얄미운 고사리
우리 낭군은 어데로 가고 너만 홀로 피었느냐
오마 하고 아니 오는 우리 임 원망을 해가면서
애꾸진 고사리만 목을 배틀어 꺾는다네
-충남 예산군의 고사리 노래

간다 간다네 어데 가나
저기 저 산으로 나물하러 간다네
둥글넓적 호박나물 이 산 저 산 칠기나물
울긋불긋 빨간 냉이 다 펼쳤다 고사리요
오불꼬불 고비나물 한 쪽 두 쪽 콩나물
미끈미끈 기름나물 사시장철 대나물
이 밥 저 밥 조밥나물 이 돌 저 돌 돌나물
-북한 자강도 고풍군의 나물 소리

녹수청산 흐르는 물에 생초 씻는 저 처자야
치마폭에 감추는 야생초잎은 남을 주어도
마음일랑은 나를 주게
-함경남도 풍산 지역의 상추 씻는 처녀 노래

쓴맛 좀 아는 한국인

글 · 최낙언(식품공학자)

한국은 세계에서 채소를 가장 많이 먹는 나라다. 채소뿐 아니라 과일, 해산물, 해조류 소비도 많은 편이다. 소득이 늘면 보통 육류 소비량은 늘고 채소 소비량은 줄어드는 경향이 있는데, 한국만 유일하게 소득이 늘면서도 채소 소비량이 줄지 않는 나라라고 한다. 현대인은 대부분 건강에 관심이 많고, 채소가 건강에 이롭다는 건 다들 아는 사실인데, 왜 소득이 늘면 채소 소비가 줄어들까? 결국 맛에서 답을 찾아야 할 것이다. 소득이 낮을 때는 비교적 저렴한 채소를 먹을 수밖에 없다. 그러다 소득이 늘면 채소가 맛있다고 느끼는 사람은 계속 채소를 먹지만, 맛없다고 느끼는 사람은 채소 대신 다른 것을 먹게 된다. 결국 채소가 맛없다고 느끼는 사람이 많다는 이야기다. 그런데 유독 한국은 왜 채소 소비량이 많을까? 한국 채소는 유난히 맛있고, 다른 나라 것은 맛없는 것일까? 딱히 그런 것 같지는 않다. 결국 한국인이 다른 나라보다 채소를 맛있게 먹는 방법을 더 잘 알고 있다고 봐야 할 것이다.

식물이 스스로 보호하기 위해 만든 독, 쓴맛

채소는 한해살이풀이다. 사람들은 흔히 '아낌없이 주는 나무'라며 다년생 목본 식물을 찬양하지만 실제 나무가 주는 먹거리는 과일 정도이고, 옥수수·벼·밀·콩·감자·채소 등 우리가 먹는 대부분은 한해살이풀이 주는 것이다. 그리고 이런 풀을 탐하는 초식동물은 많다.

식물이 이러한 외부 자극으로부터 자신을 보호할 수단으로 가장 많이 쓰는 방법이 중요한 부분을 셀룰로오스로 만드는 것이다. 셀룰로오스는 매우 단단해 대부분 동물이 소화시킬 수 없기 때문에 탐하지 않는다. 그런데 한해살이풀은 빨리 자라서 씨앗을 맺고 번식하는 것이 목적이라 단단한 몸(셀룰로오스)을 만들 시간이 없다. 그러니 독이 되는 화학물질을 만들어 대항할 수밖에 없는 것이다. 풀과 초식동물 간에 먹고 먹히지 않으려는 치열한 군비 경쟁, 즉 화학전을 치르는 것이다. 그러니 풀을 탐하는 동물은 식물의 독을 구분하는 능력이 생존에 필수적이고, 이를 위해 혀에 쓴맛 수용체를 진화시켜야 했다. 단맛·짠맛·감칠맛이 원하는 영양분을 찾는 목적이라면, 쓴맛은 피해야 할 독을 구분하는 목적인 것이다.

그러니 육식동물보다 풀을 탐하는 초식동물의 쓴맛 수용체가 더 발달해 있다. 판다의 경우 원래 잡식성인데 주로 대나무를 먹다 보니, 결국 고기의 맛이라고 할 수 있는 감칠맛을 느끼는 미각을 잃어버렸다. 중국 연구진은 이런 판다의 쓴맛 수용체를 북극곰, 늑대, 호랑이, 치타 등 일곱 종과 비교한 결과 판다는 열여섯 가지 쓴맛 수용체를 온전히 갖고 있는 데 반해, 다른 육식 친척들은 10~14개의 유전자를 보유한 것으로 나타났다. 판다는 다른 초식동물보다는 쓴맛 수용체를 적게 보유하고 있지만, 다른 육식동물보다는 많이 보유하고 있는 것이다.

쓴맛은 누구나 똑같이 느낄까?

쓴맛은 다른 감각처럼 나이에 따라, 개인차에 따라 민감도가 다르다. 뇌의 신경세포는 어릴 때 그 수가 많다가 시간이 지나면서 불필요한 것을 제거하는 방식인데, 혀의 미각을 담당하는 신경세포도 어릴 때 수가 많다가 크면서 줄어든다. 특히 열 살 무렵이 되면 많이 둔화되는데, 사람마다 민감도가 다르다. 보통 사람은 혀 $1cm^2$당 미뢰 수가 200개 정도 있는데, 둔감자는 100개 정도고 민감자는 400개 정도로 많다. 그런데 미뢰 수가 많으면 맛을 골고루 잘 느끼기보다는 쓴맛에 유난히 예민해지기 쉽다. 쓴맛은 다른 맛에 비해 매우 적은 양으로 작용하는데, 민감자는 보통 사람이 느끼기 힘든 쓴맛을 잘 느껴 맛없다고 여기는 음식이 많아진다. 25% 정도인 민감자는 어른이 돼서도 평범한 음식에서 쉽게 쓴맛을 느끼게 된다.

쓴맛 수용체가 많은 민감자 중 어린이의 경우 쓴맛에 가장 예민한 시기라 정말 사소한 양의 쓴맛 성분도 엄청나게 쓰게 느끼기 쉽다. 그런 어린이는 채소나 발효 식품을 싫어하는 경우가 많은데, 그 이유를 물어보면 "쓴맛이 강해 싫다"라고 꼬집어 말하지 못하고 "그냥 맛이 없다"라고 하거나 "○○ 냄새가 싫다"라고 말한다. 더구나 쓴맛은 물질 종류에 따라 개인차가 난다.

우리 혀에서 쓴맛을 감지하는 수용체는 25종이다. 단맛·신맛·짠맛·감칠맛 수용체를 모두 합해야 5종인데 쓴맛 한 가지가 다섯 배나 많은 것이다. 그러니 어지간한 물질은 쓴맛으로 느끼기 쉬운 것이다. 그냥 독도 쓰고, 약도 쓰고, 자연에서 맛으로 느낄 수 있는 물질은 웬만하면 다 쓴 것이다. 의심스러우면 가까운 산이나 들로 나가 아무 풀이나 입에 물고 살짝 씹어보면 된다.

미각 중 특히 25종이나 되는 쓴맛 유전자가 결함 없이 모두 똑같이 구현되었을 리가 없다. 개인마다 쓴맛 수용체 종류별로 발현 정도가 차이 나므로 각자 느끼는 쓴맛이 다를 수밖에 없다. 양배추의 쓴맛이 다르고, 커피 카페인의 쓴맛이 다른 것이다. 그래서 녹색 채소의 쓴맛에 민감한 사람은 커피보다 차를 더 선호하고, 양배추의 쓴맛에 민감한 사람은 술, 특히 적포도주를 싫어하는 경향이 있다고 한다.

더구나 그 차이가 다른 맛의 경우는 개인별로 보통 열 배를 넘기지 않는데, 쓴맛은 100~1000배 차이가 나기도 한다. 1930년대에 화학자 아서 폭스Arthur Fox와 유전학자 앨버트 블레이크슬리Albert Blakeslee는 PTC(phenylthiocarbanide)라는 쓴맛 물질에 대한 개인차가 크고, 그 특징이 유전된다는 사실을 발견했다. 2005년에는 PTC가 결합하는 것이 쓴맛 수용체 38이라는 것과 수용체 내에서 민감도에 영향을 주는 부위도 찾아냈다. 결합 위치가 PAV(프롤린-알라닌-발린)형은 PTC에 잘 결합하고, AVI(알라닌-발린-이소류신)형은 잘 결합하지 못해 매우 둔감하다는 것이다. 부모가 모두 PAV형이면 쓴맛에 민감해서 음주량과 흡연도 적은 편이며, 또 십자화과 채소가 쓰게 느껴져 잘 먹지 않는다. 삼겹살을 쌈 싸 먹는 것도 싫을 정도라면 PAV형일 가능성이 높다.

한국인, '맛있는 쓴맛'을 찾아내다!

내가 생각하는 채소의 가장 핵심적인 매력은 칼로리 대비 포만감이 높다는 것이다. 현대인에게 넘치는 것은 칼로리이고, 부족한 것이 식이섬유와 칼로리 대비 포만감이다. 다른 다이어트 식품은 칼로리가 낮으면서 포만감(만족감)은 더욱 낮아 체중 조절에 실패하기 쉬운데, 채소는 칼로리에 비해 음식을 먹었다는 만족감이 높다. 그러니 채소가 좋은 것이다.

문제는 맛이다. 채소는 자신을 보호하기 위해 독을 품는다. 목축업자들은 고사리를 싫어하는데, 고사리잎에는 비타민 B_1(티아민)을 분해하는 티아미나아제thiaminase라는 효소가 있어서 생으로 계속 먹으면 비타민 B_1이 결핍되기 때문이다. 그래서 한국인은 고사리를 생으로 먹지 않고 채취해서 삶고 조리하는 과정을 거친 후 먹는다. 그런 과정에서 효소가 쉽게 불활성화하기 때문이다. 콩은 영양이 풍부하지만 그만큼 자신을 보호하기 위해 항(anti)영양소도 만든다. 그래서 한국인은 콩을 생으로 먹지 않고 나물로 키워 먹거나 두유나 두부 등으로 가공해 먹었다. 그 과정에서 독이 되는 항영양소가 제거된다.

독은 아니지만 우연히 쓴맛 수용체에 결합해 쓴맛을 내는 물질도 많다. 이런 경우 요리 과정을 통해 최대한 제거하고, 양념을 넣어 조물조물 잘 무치면 훌륭한 식재료가 된다. 그리고 이러한 경험을 통해 독이 아니라는 것을 확인하면 점차 거부감을 줄여나가면서 즐겨 먹을 수도 있게 되는 것이다. 씀바귀의 쓴맛이 그러하다. 봄나물의 상큼한 향과 어우러져 몇 번 먹다 보면 즐길 수 있게 된다. 쓴맛을 거부하는 본능도 학습에 의해 어느 정도 극복할 수 있는 것이다. 최근 유전자 연구에 따르면 다른 영장류에 비해 인간은 쓴맛을 느끼는 유전자가 많이 퇴화되었다고 한다. 그만큼 식재료는 안전해졌고, 미각으로 독을 판단할 필요성이 줄어들고 있다는 증거일 것이다.

한국인이 채소를 즐기게 된 데에는 독을 우려내는 조리법의 발전, 쓴맛을 중화하는 장류, 적절한 그릇 확보가 큰 역할을 한 것 같다. 한민족은 물에 한참 불리고 우리거나 끓는 물에 데쳐 독을 녹여내곤 했다. 독과 쓴맛 물질을 우려내기 좋은 도구가 바로 진흙을 구워 만든 옹기다. 인류의 음식은 불을 이용해 굽기 시작하면서 진보하기 시작했는데, 불을 이용해 그릇을 만듦으로써 또 한 번 진화했다. 토기의 발명으로 날것을 먹거나 불에 직접 구워 먹는 방식에서 벗어나 음식물을 삶거나 쪄서 먹는 것이 가능해져 더 많은 자연물을 섭취하게 되었으며, 쉽게 먹고 소화하기 쉬운 음식을 만들 수 있었다. 그리고 항아리 덕분에 장류도 만들 수 있게 되었는데, 장류는 채소와 결이 아주 잘 맞는다. 세계에서 채소를 가장 맛있게 먹을 수 있는 문화는 이렇게 형성된 것이다.

정월 대보름엔 꼭 묵나물

글 · 정혜경(호서대학교 식품영양학과 교수)

① 24절기 중 첫째 절기로 대한과 우수 사이에 든다. 보통 양력 2월 4일경에 해당한다.

제철에 뜯은 나물을 오래 두고 먹으려면 대부분 끓는 물에 살짝 데친 후 물기를 짜서 햇볕에 말려 보관한다. 사용할 때는 물에 담가 여러 번 우리거나 쌀뜨물에 담가두었다가 조리한다. 애호박처럼 얇게 썰어 햇볕에 말리는 경우도 있다. 왼쪽부터 시계 방향으로. 무청을 말린 시래기, 토란대, 곤드레, 고사리, 다래순(가운데), 취나물, 고구마 줄기, 애호박고지, 말린 가지.

한국인은 계절마다 제철 재료나 갈무리해둔 식품을 최대한 이용해 음식을 만들었다. 이러한 시절 음식은 때에 맞춰 씨를 뿌리고, 재배하고, 추수 때 농작물을 거둬들이는 농경문화권에서 파생된 것이다. 또 시절 음식을 통해 부족한 영양소를 보충하는 의미도 있었다. 예를 들면 '봄이 시작되는 좋은 날'을 의미하는 입춘立春①이 되면 갓 돋아난 푸성귀로 오신반五辛盤을 만들어 먹었는데, 이는 긴 겨울 동안 부족해진 비타민을 보충하는 수단이기도 했다.

조선 시대 여러 남성 유학자들은 이 시절 음식을 기록으로 남겼다. <경도잡지京都雜志> <열양세시기洌陽歲時記> <동국세시기東國歲時記> 등이 바로 그것으로, 의례를 중시하는 유교의 영향을 받은 책들이다. 이러한 의례에서 음식은 매우 중요한 항목이며, 일종의 사회규범으로 꼭 지켜야 할 행사였다. 그중에서 음력 정월 대보름에 오곡밥과 묵나물을 챙겨 먹는 것은 지금까지 이어지는 공동체 의례다. 세시 풍속의 의미가 퇴색된 지금도 한국인은 이런 시절 음식을 먹음으로써 선조들의 삶과 지혜를 기억하는 것이다.

큰 보름에 꼭 챙겨 먹던 음식

음력 1월 15일을 한국에서는 정월 대보름이라고 하며 중국에서는 상원上元이라고 한다. 대보름이라 부르는 까닭은 정월에 보름달의 크기가 1년 중 가장 크기 때문이다. '한 해의 첫 보름' 대보름은 농경사회에서는 설, 추석과 함께 큰 명절 중 하나였다. 이날은 마을 사람들이 모여 온종일 줄다리기, 쥐불놀이, 다리밟기, 탈놀이, 별신굿 등 민속놀이를 하며 복을 기원했다.

정월 대보름 아침에는 땅콩이나 호두 등의 견과류를 어금니로 깨물어 먹는 '부럼 깨기'를 하며 종기나 부스럼이 나지 않기를 바랐다. 부럼 속에 풍부한 필수지방산은 피부 건강에 반드시 필요한 성분이다. 또 다가올 더위를 이겨내기 위해 이른 아침 친구를 찾아가 이름을 부르고 "내 더위를 사가라"라고 외치는 '더위팔기'놀이, 1년 내내 기쁜 소식만 전해달라며 여성이나 아이까지 술 마

정월 대보름에 오곡밥과 짝꿍처럼 함께
즐기는 음식이 아홉 가지 나물이다.
선조들은 묵나물을 먹으면 여름에 더위를
이겨낼 수 있다고 믿었다.

시는 것을 허용한 '귀밝이술 마시기' 등의 풍습이 있었다.

정월 대보름에는 시절 음식인 오곡밥과 복쌈, 아홉 가지 묵나물을 먹고, 달을 상징하는 달 모양의 달떡도 만들어 먹었다. 이날 세 곳 이상 남의 집 밥을 먹어야 그해 운이 좋다고 여겨 이웃 간에 오곡밥을 나눠 먹기도 했다. 특히 배춧 잎이나 김, 혹은 참취 이파리를 넓게 펴서 복쌈을 싸 먹는데, 이는 한 입 가득 복을 싸 먹으며 풍년이 들기를 기원하던 풍습이었다. ➡ 2권 '한국인은 언제부터 김밥을 먹었을까?' 99쪽

특히 정월 대보름에 빠뜨릴 수 없는 게 지난해에 말려두었던 나물 재료를 삶아 물에 불렸다가 양념해 먹는 것이다. 이를 묵나물 또는 진채陳菜라 부르며 꼭 챙겨야 할 절식으로 여겼다. 묵나물은 애호박, 가지, 버섯, 고사리, 도라지, 시래기, 토란대 등으로 만든다. 물론 지방에 따라 먹는 나물의 종류가 다소 다 르다. 강원도처럼 산이 많은 곳에서는 취나물을 말려두었다가 먹고, 바다가 가 까운 곳에서는 모자반 같은 해초를 말려두었다가 나물을 만들어 먹기도 한다. 묵나물은 아니지만 콩나물이나 숙주나물, 무나물을 정월 대보름에 먹는 아홉 가지 나물에 포함하기도 한다. 조선 시대의 세시 풍속을 기록한 <동국세시기> 에도 "박나물이나 버섯 등을 말린 것과 콩나물순을 말린 대두황권大頭黃卷, 순 무, 무 등을 묵혀두는데 이것을 진채라 한다"라는 기록이 있다.

왜 정월 대보름에 묵나물을 먹을까?

한국의 선조들은 정월 대보름에 묵나물을 아홉 가지 이상 만들어 먹으면 한 해 동안 별 탈 없이 지나게 된다고 믿었다. 조선 시대 풍속지 <경도잡지京都雜志> 에는 묵나물을 먹으면 더위를 먹지 않는다고 쓰여 있다. 왜 묵나물을 먹어야 더 운 여름을 잘 날 수 있다고 생각했을까?

한민족은 긴 겨울을 지난 후 비타민 결핍증에 시달렸다. 한반도는 북위 33~43도에 걸쳐 있는 대륙성기후 지역으로 추운 겨울에는 채소를 구하기 어 려워 겨우내 먹을 수 있는 채소는 김장 김치 정도밖에 없었다. 그래서 봄과 가을 에 나물을 뜯어 잘 삶아 말려서 갈무리해두고, 그 재료로 겨우내 나물 반찬이나 죽, 국 등을 만들어 먹었다. 묵나물이야말로 긴 겨울에 결핍된 비타민을 보충해 주는 민족의 생명줄이었다. 이렇게 묵나물로나마 비타민을 보충하지 않으면 곧이어 닥치는 여름 무더위를 이겨내기 힘들었다.

궁핍한 시대의 산물인 묵나물은 현대인에게
가장 빼어난 건강식 중 하나다.
오늘날에도 한국인은 정월 대보름에 오곡밥과 묵나물을
가까운 사람과 나누며 선조의 지혜를 이어간다.

이렇게 먹어야 맛있다

그럼 묵나물은 어떻게 만들어야 맛있을까? 먼저 말려둔 재료를 부드럽게 만들어야 한다. 마른 재료를 부드럽게 만들려면 물에 담가 어느 정도 불린 뒤(묵나물 종류에 따라, 마른 정도에 따라 다르다) 삶아서 다시 불린다. 아린 맛이나 떫은맛, 쓴맛이 나는 재료는 물을 갈아가면서 불려야 한다. 그러면 채소의 쓴맛 성분을 빼낼 수 있고, 무엇보다 섬유소가 부드러워져 씹기 편해진다. 불린 재료를 건져서 물기를 뺀 다음 갖은양념을 하고, 프라이팬에 기름을 두른 뒤 뜨거워지면 양념해둔 재료를 넣어 볶는다. 이때 육수를 조금 넣고 뚜껑을 덮어 무를 때까지 볶으면 더욱 부드럽고 맛있다.

묵나물 볶는 법도 지역에 따라 다르다. 예를 들어 전북에서는 마른 재료를 불리는 동안 들깻가루와 쌀가루를 갈아서 체에 밭쳐둔다. 냄비에 기름을 두르고 뜨거워지면 불린 재료를 넣어 양념하면서 볶다가 어느 정도 볶아지면 들깻가루와 쌀가루를 넣고 뚜껑을 덮어 끓인다. 이때 들깻가루는 많이 넣고 쌀가루는 조금 넣어야 더 맛있다.

궁핍한 시대의 산물인 묵나물은 오히려 지금 건강식으로 꼽힌다. 삶고 우리는 과정에서 쓴맛이나 독은 제거되고, 말리는 과정에서 수분이 빠져나가 영양소가 농축되며, 현대인에게 필요한 섬유소는 많아진다. 그러니 묵나물은 과거의 유물이 아니라 현재진행형의 건강식이라 할 수 있다.

호박고지, 말린 가지, 고구마 줄기, 고사리

토란대, 시래기

곤드레, 다래순, 취나물

아홉 가지 묵나물

❶ 호박고지·말린 가지(300g씩)와 각각의 양념(조선간장 2T, 들기름 1T, 다진 대파 1T, 다진 마늘 1T, 육수 ¼컵, 식용유 약간)을 준비한다.

❷ 취나물·다래순·곤드레·고사리·고구마 줄기(300g씩)와 각각의 양념(조선간장 2T, 들기름 2T, 다진 대파 1T, 다진 마늘 1T, 육수 1컵, 식용유 약간)을 준비한다.

❸ 토란대(300g)와 양념(조선간장 1½T, 들기름 2T, 다진 대파 1T, 다진 마늘 1T, 육수 2T, 식용유 약간)을 준비한다.

❹ 시래기(300g)와 양념(조선간장 1½T, 들기름 2T, 다진 대파 1T, 다진 마늘 1T, 육수 1컵, 식용유 약간)을 준비한다.

❺ ①~④의 손질한 묵나물에 각각 조선간장과 들기름을 분량대로 넣고 무친다. 팬에 식용유를 두르고 다진 마늘과 다진 대파를 넣고 볶다가 나물 무친 것을 한 가지씩 넣고 볶는다. 마지막에 육수를 부어 뜸 들인다.

*재료는 10인분 기준, 나물은 모두 불려서 손질한 것을 계량했다.

오직 한국인만 콩나물을 먹는다

글 · 주영하(한국학중앙연구원 한국학대학원 교수)

콩나물? 녹두나물? 숙주나물?

콩나물은 콩의 씨앗을 발아시킨 나물의 한 종류다. 한반도에서 살아온 사람들이 오래전부터 즐겨 먹어온 반찬이면서 너무나 일반적인 음식이라서 그런지, 조선 시대 문헌에서 콩나물과 관련한 기록은 아직 발견되지 않았다. 간혹 '두아채豆芽菜'라는 한자 이름이 수록된 문헌이 있지만, 이는 콩나물이 아니라 녹두나물이다.

조선 후기의 학자 홍만선은 중국 원나라 때의 책 <거가필용사류전집居家必用事類全集>에 나오는 두아채 요리법을 자신이 편찬한 책 <산림경제山林經濟>에 조선식 한문으로 옮겨놓았다. "녹두 좋은 것을 골라서 이틀 동안 물을 계속 부어준 후 새 물로 일어서 물기를 뺀다. 갈대를 엮어서 만든 자리를 땅바닥에 깔고, 녹두를 그 위에 펴고, 동이①를 덮은 다음, 하루에 두 차례씩 물을 뿌려주면서 젖은 거적으로 덮어놓는다. 싹이 3cm쯤 자라면 녹두의 껍질을 벗겨버리고 끓는 물에 데쳐서 생강, 초, 기름, 소금으로 양념해 먹는다."

조선 시대 사람들은 녹두나물을 숙주나물이라고도 불렀다. '숙주'는 조선 전기 관료 신숙주의 이름에서 따온 것이다. 조선 제6대 왕 단종은 어린 나이에 즉위해 숙부인 수양대군에게 왕위를 빼앗겼다. 이때 신숙주는 수양대군 편에 선 까닭에 사람들로부터 절개를 지키지 않았다는 비난을 받았다. 녹두나물은 상온에 두면 바로 색이 누렇게 변한다. 사람들은 이 같은 녹두나물이 변절한 신숙주 같다고 해 숙주나물이라고 불렀다. 또 조선 시대에는 만두소로 녹두나물을 사용했는데, 이때 짓이겨야 제맛이 난다고 여겼다. 변절자를 녹두나물처럼 짓이겨서 분을 풀었다는 데서 숙주나물이라고 불렀다고 한다.

왜 일부러 콩의 씨앗을 틔웠을까?

숙주나물과 달리 콩나물은 빨리 쉬지 않는다. 그래서 조선 시대 사람들은 콩나물을 더 즐겨 먹었다. 일제강점기 경성사범학교 생물학 담당 교사 가미타 쓰네

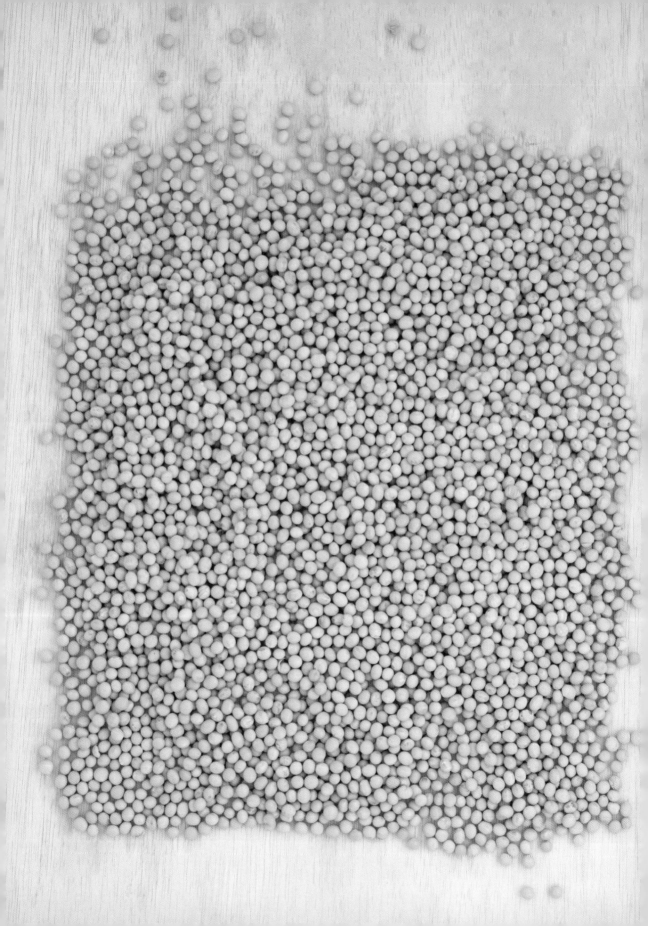

콩나물은 대두(황두)를 인위적으로 발아시켜 싹을 틔우고 뿌리를 키워 먹는다. 대두는 한국의 대표 발효 식품인 간장과 된장의 원료이기도 하며, 두부를 만들 때도 쓴다. 대두보다 낱알이 작은 쥐눈이콩으로도 콩나물을 키운다.

이치(上田常一)는 일본에서 보지 못한 조선의 콩나물이 신기했다. 그는 <조선의 콩나물(朝鮮の豆芽)>이란 제목의 책에서 그림을 곁들여 콩나물 재배법을 자세히 기록해놓았다.

그는 "조선에는 보통 두 종류의 모야시(もやし, 두류나 곡류의 씨앗을 인위적으로 발아시켜 새로 돋아난 싹)가 있다. 하나는 콩나물이라 부르고, 다른 하나는 숙주나물 또는 녹두나물이라고 부른다. 콩나물은 가장 많이 식용하는 것으로 서목태鼠目太(쥐눈이콩)라고 부르는 낱알이 작은 콩으로 만든 것이다"라고 했다. 또 그는 "콩나물이 다 자라는 데는 봄과 가을에 약 일주일간, 여름에 약 5일간, 겨울에 약 10일 혹은 그 이상 시간이 걸린다. 겨울에 콩나물을 재배할 때 별도로 옷감을 덮개로 만들어 덮어주기도 한다"라고 적었다. 1970년대까지도 많은 가정에서 이와 같은 방법으로 콩나물을 직접 길러 먹었다.

요즘은 대부분의 한국인이 콩나물을 시장이나 마트에서 산다. 가미타 쓰네이치는 콩나물을 전문으로 판매하는 사람은 주로 바닥에 여러 개의 작은 구멍이 뚫린 동이를 사용한다고 적었다. 이 글로 미루어보면, 1920~1930년대에도 콩나물을 전문으로 판매하는 상인이 있었음을 알 수 있다. 아마도 당시 한반도 곳곳에 근대도시가 들어서면서 음식점이 많이 생겼고, 그 가게들이 콩나물을 구매했을 것으로 추측한다. 당시 전북 전주에는 콩나물국을 판매하는 음식점이 많았다. 1929년 12월 1일 자 월간지 <별건곤別乾坤>에는 전주의 음식점에서 판매하는 콩나물국 요리법을 다음과 같이 적어놓았다. "콩나물을 솥에 넣고 그대로 푹푹 삶아서 마늘 양념이나 조금 넣는 둥 마는 둥 간장을 넣으면 절대 안 되며, 소금을 쳐서 휘휘 둘러놓으면 그만이다."

오직 콩나물로만 만드는 전주의 콩나물국과 달리 서울의 콩나물국에는 고기와 여러 가지 양념이 들어갔다. 당시 이화여자전문대학 가정과 교수 방신영은 1921년판 <조선요리제법朝鮮料理製法>에서 "고기를 얇고 잘게 썰어서 여러 가지 고명을 치고 주물러 솥에 넣고 맑은장국같이 물을 먹을 만큼 붓고 콩나물을 넣은 후 불을 때 끓인다"라고 조리법을 소개했다. 방신영이 무슨 고기인지를 정확하게 밝히지는 않았지만 쇠고기일 가능성이 크다.

오늘날에도 한국의 주당들은 술을 마시면서, 혹은 다음 날 아침에 콩나물이 들어간 국을 즐겨 먹는다. 그래서 콩나물이 들어간 국을 '해장국'이라 부르기도 한다. 전주의 콩나물국처럼 다른 재료를 넣지 않고 끓이는 콩나물해장국도 있지만, 소의 피를 식혀서 굳힌 선지와 소의 내장을 콩나물과 함께 끓인 선지

해장국도 있다. 해장국의 '해장'은 해정解酲이란 한자를 한국인이 편하게 발음하면서 생겨난 한국어다. '정酲'은 술이 깬 후 정신이나 마음이 마치 몸이 아픈 환자처럼 맑지 못한 상태를 가리키고, '해解'는 이런 상태를 푼다는 뜻이다. 콩나물에는 유리 아미노산인 아스파라긴산과 섬유소가 풍부하므로 술에 취한 몸을 풀어주는 데 도움이 된다. 한국의 주당들은 콩나물이 듬뿍 들어간 각종 해장국을 먹고 숙취를 푸는 데 익숙하다.

콩나물은 나물일까?

신기하게도 콩에는 비타민 C가 없지만, 콩나물로 자라면서 비타민 C가 생긴다. 온실에서 채소를 재배하는 기술이 널리 보급되지 않았던 1970년대 이전, 한국인은 겨울이면 여러 가지 콩나물 요리를 섭취해 부족한 비타민을 보충했다. 1939년 10월 17일 오후, 일본 농촌사회학자 다카하시 노보루(高橋昇)는 지금의 전남 보성군 벌교읍에 도착해 보성여관에서 사각 소반에 차린 저녁상을 받았다. 그는 이 상에 오른 음식을 그림으로 그려 자신의 책에 실었는데, 그 상에는 밥과 생선국, 굴젓, 상어고기젓, 무김치, 꼬막, 배추짠지, 깍두기, 간장, 나물, 생선전과 함께 콩나물이 올랐다. 늦가을 상에 오른 콩나물은 아마도 양념으로 무친 콩나물무침이었을 것이다.

콩나물은 삶아도 식감이 아삭하므로 밥과 채소 그리고 양념이 어우러진 비빔밥 맛을 더욱 상큼하게 돋워준다. 그래서 많은 한국인이 비빔밥을 생각하면 바로 콩나물을 떠올린다. 2000년대 초반 일본에서 한국의 돌솥비빔밥이 인기였던 적이 있다. 당시 일본인 대부분은 콩나물을 알지 못했다. 하지만 돌솥비빔밥을 즐겨 먹는 일본인이 늘어나면서 일본 농촌의 한 농부가 한국식 콩나물을 생산해 시장에 내놓았다. 그 일본인 농부는 자신의 콩나물 포장지에 태극마크를 넣어 이것이 한국 것임을 강조했다.

나물은 풀이나 나뭇잎 따위를 삶거나 볶거나 날것으로 양념해 무친 음식이다. 콩나물은 콩 씨앗에서 나온 싹이어서 한국의 일반 나물과는 다르다. 그래도 삶거나 볶거나 양념하는 방법이 다른 나물과 비슷해 콩에 나물이란 이름이 붙었다. 콩으로 간장, 된장, 두부 등을 만들어 먹던 한국인이 중국에서 들어온 숙주나물 재배법에서 아이디어를 얻어 콩나물을 만들어냈다. 그래서 예나 지금이나 오직 한국인만이 콩나물을 재배하고 즐겨 먹는다.

나물까지 무친다! 만능 간편 양념 탄생기

'어떻게 하면 더 쉽고 간단하게, 맛있게 먹을 수 있을까?' 한 끼 식사를 편리하고 맛있게 먹고자 하는 바쁜 현대인의 요구에 응답한 것이 가정간편식(HMR)이라면, 그중에서도 양념류는 갖은양념이나 번거로운 조리 과정 없이 제 손으로 요리하는 즐거움을 더해주는 제품이다.

가정간편식 시장에 양념장이 처음 등장한 것은 1981년. 맛손산업이 대형 업소용으로 출시한 '맛손 불고기양념'이 그 주인공이다. 이후 1985년엔 (주)대상, 1986년엔 (주)CJ제일제당, 1991년엔 (주)오뚜기가 관련 제품을 속속 선보이며 시장에 뛰어들었다. 하지만 제품 종류는 한정적이었다. 초기엔 불고기 양념이나 갈비 양념 제품 일색이었고, 10년 전까지만 해도 찌개 양념이 간편 양념 제품의 대부분을 차지했다. 한데 요즘은 달라졌다. 6~7년 전부터 불어닥친 집밥 열풍과 함께 최근 1~2인 가구 중심의 라이프스타일 변화, '쿡방'(요리하는 방송) 등의 영향으로 조림·탕·떡볶이 등 간편 양념 종류가 다양해졌다. 근래엔 샐러드드레싱이나 나물 양념으로도 손색없는 고기 곁들임 소스는 물론 '파채 양념' '겉절이양념' '된장무침양념' 등 바로 무쳐 먹을 수 있는 나물무침 양념까지 선보이고 있다.

간편 양념, 제조 과정은 간단하지 않다

한식은 간장과 고추장, 소금, 고춧가루, 마늘 등 기본양념을 요리 종류에 따라 주재료와 적절히 배합해 맛을 구현하는 것이 특징이다. 간편 양념의 경우도 마찬가지다. 기본적으로 양념 재료나 만들기 원칙은 일반 레시피와 동일하다. 식품 회사 연구원들이 간편 양념을 개발할 때 가장 먼저 참고하는 것도 전통 요리를 다루는 서적이다. 그다음 최신 트렌드에 맞는 여러 채널을 통해 다양한 정보까지 충분히 수집하면 실험에 착수한다. 식재료, 양념의 적절한 배합 분량, 여러 상황에서 맛의 변화(겉절이의 경우 절임 유무와 시간 체크), 그에 맞는 염도 설정, 파우치 하나당 담을 분량까지 아주 세밀한 데이터를 설정하고 연구한다.

한국인은 조물조물 무친 나물 반찬에서 엄마 손맛을 기억하고 그리워한다. 요즘 출시되는 간편 양념 제품은 찌개, 국, 고기 요리 양념뿐 아니라 무침 요리 양념까지 확장되고 있다. 나물 요리를 할 때 간편 양념에 참기름, 통깨 등을 더하면 그리운 엄마 손맛의 나물이 완성된다.

그 결과 '겉절이양념'의 경우, 알배추 100g당 양념을 40~50g 넣어 무쳤을 때 맛과 비주얼이 가장 훌륭하고, 바로 무쳤을 때보다 하루 정도 숙성했을 때 맛이 가장 좋으며, 냉장고에서 2주까지 보관해도 맛의 큰 변화 없이 먹을 수 있다는 결론을 도출했다.

이러한 연구 과정에서 가장 최우선으로 고려하는 것은 뭐니 뭐니 해도 소비자의 건강과 식생활 향상에 일조하는 제품을 선보이는 것이다. 소비자도 과거에는 단순히 음식 맛에 집중했다면, 요즘에는 제 손으로 만든 음식으로 건강한 식생활을 영위하고 싶은 욕구가 크다. 그 때문에 나물이나 찌개류 등 한국인이 일상에서 늘상 즐기는 메뉴를 간편 양념으로 제품화할 때는 나트륨과 당류의 섭취량 조절을 최우선으로 고려한다. 나트륨은 혈관 내 삼투압을 상승시켜 고혈압 위험을 높이며, 당류는 체내에 빨리 흡수되어 혈당을 급상승시켜 인슐린 분비에 영향을 주고 비만 및 당뇨 등의 위험을 높이므로 섭취에 주의해야 한다. 나트륨과 당류는 국내 일일 섭취 권장 기준을 나트륨 2000mg(소금으로는 5g)과 당류 100g을 기준으로 하는데, 끼니당 함량으로 계산하면 나트륨 667mg(소금으로는 1.7g), 당 33g에 해당하는 양이다. 이 때문에 짠맛을 감칠맛·신맛·매운맛으로 대체해 소금 함량을 줄이고자 고심하며, 당류는 사과·배·파인애플·매실 같은 농축액을 포함해 다양한 원료로 건강한 단맛을 추구한다.

간편 양념은 말 그대로 간편하게 즐기도록 돕는 제품이지만 간단하게 만든 제품은 아니다. 맛집에서 먹어본 간단한 밑반찬부터 일품요리까지, 요리에 자신 없는 한국인은 물론 외국인도 집에서 요리하는 즐거움과 함께 제대로 된 한 끼를 만끽하게 하는 데 의의가 있다.

요즘은 간편 양념 패키지도 용기가 아닌 파우치로 나와 분량 조절은 물론 사용 후 남은 양념을 보관하기도 간편한데, 이때는 공기를 빼내야 맛과 향, 영양변화가 덜하다. 바로 사용할 것이 아니라면 남은 양념은 밀폐 용기에 담아 냉장 보관하는 것이 좋다.

참
간편한
나물양념

왼쪽부터

- 각종 나물볶음과 잡채 등에 요긴한 더본 백종원 만능볶음요리소스.
  www.theborn.co.kr
- 우리애들밥상 애간장소스 무침조림용은 아이들 입맛과 건강을 고려해
  염도를 12% 정도로 낮춘 제품. www.orga.co.kr
- 고깃집 곁들이 소스를 그대로 구현한 오뚜기 삼겹살 양파절임소스. 나물
  양념으로도 더할 나위 없다. www.ottogimall.co.kr
- 각종 무침·볶음 요리 등 어떤 음식이든 넣고 쓱쓱 비비기만 하면 되는 팔도
  비빔장. paldofood.co.kr
- 콩 발효액인 샘표 연두순은 손질한 채소에 넣고 볶기만 해도 맛있는
  채소볶음을 완성할 수 있다. www.sempio.com/market

왼쪽부터

- 동치미 국물로 시원하게 맛을 낸 샘표 비빔장. 나물무침은 물론 비빔밥, 비빔국수. 생선회와도 잘 어울린다.
- 겉절이부터 나물무침까지 바로 무쳐 먹을 수 있는 샘표 새미네부엌 나도했다 겉절이 양념.
- 발효 식초와 동치미 맛 농축액을 넣은 델링 초무침소스. 채소는 물론 골뱅이, 오징어, 미역 등 해산물을 무칠 때 더없이 좋다. www.bhfood.co.kr
- 청정원 햇살담은 조림간장은 감자, 버섯, 어묵 등을 조릴 때는 물론 각종 볶음 등 일품요리에도 활용할 수 있다. www.jungoneshop.com

채집민에게 신이 준 최고의 선물, 버섯

글 · 정혜경(호서대학교 식품영양학과 교수)

① "어젯밤 식지食指가 동하더니 오늘 아침에 기이한 것을 맛보도다. 본디 배루垟塿(작은 언덕)에서 나는 것과 질이 다르니 복령茯苓의 향기가 있도다."

버섯은 엽록소가 없어 식물처럼 광합성을 할 수 없고, 동물처럼 다른 생명체를 잡아먹어 영양분을 얻지도 않는다. 버섯은 다른 생물이나 죽은 생물의 몸에 붙어 영양분을 흡수하는 균류로 분류된다.

버섯은 오래전, 인류가 원시사회를 구성할 때부터 먹기 시작해 중세에는 버섯의 영양학적 기능성이 밝혀져 선약仙藥으로 이용하기도 했다. 근대에 이르러서는 인공 재배가 시작되었고, 현대에 이르면서 신선한 상태로 대량생산이 가능해 서민이 고루 즐기는 식품이 되었다. 한민족도 그 독특한 향기와 맛을 오랫동안 즐겨왔다. 산과 들에서 채집한 다양한 버섯은 채식 위주의 한식 상차림에서 빼놓을 수 없는 영양 공급원 역할을 했다.

사실 버섯은 세계 어느 나라에서나 애용하는 식품이다. 세상에는 2만여 종의 버섯이 있는데, 먹을 수 있는 것은 1800여 종이라 한다. 값비싼 트러플(송로버섯)부터 송이버섯, 표고버섯, 양송이버섯 등 버섯 세계는 그야말로 무궁무진하다. 한민족은 헤아릴 수 없이 다양한 버섯을 채취하고, 그 향기와 맛을 즐겼을 뿐 아니라, 다양한 방식으로 요리해온 민족이다. 검은빛을 띠는 석이버섯과 표고버섯은 한식의 고명 재료 역할을 톡톡히 했다. 서양에서 일어난 블랙푸드 열풍의 핵심 식재료가 바로 이 까만 석이버섯이었다. 석이버섯은 높은 바위에서 채취하는데, 그 과정을 보면 석이버섯을 향한 한민족의 고난스러운 채집 역사를 읽을 수 있다.

한국의 고문헌에 버섯이 처음 등장하는 것은 삼국시대다. 김부식이 지은 <삼국사기三國史記> '신라본기'에 따르면 성덕왕에게 '김지'와 '서지'를 진상했다고 나오는데 김지는 목이버섯을, 서지는 석이버섯을 이른다고 추측한다. 고려 시대에는 송이버섯이 이인로의 <파한집破閑集> 중 한 구절①과 이색의 시에 향기로운 버섯으로 등장한다. 특히 적송 뿌리에서 나오는 송이버섯은 맛과 향이 뛰어나고, 적송이 없는 지역에 사는 중국인이 한반도의 송이버섯이 어떤 맛인지 물었다는 기록도 있으니 한국이야말로 송이버섯 종주국이라 할 만하다.

이후 1236년에 간행한 최고의 의약서 <향약구급방鄕藥救急方>과 1241년 이규보의 <동국이상국집東國李相國集>에는 마고蘑菰, 즉 표고버섯이 등장한다. 조선 시대에는 버섯 종류·특징·약용법 등을 기록한 책이 여럿 출간됐는데, 이로써 옛날부터 버섯이 귀한 식재료였음을 알 수 있다.

최고의 면역 식품

버섯의 특별한 매력은 맛과 향기에 있다. 향기 성분은 렌티오닌lenthionine, 계피산 메틸methyl cinnamate 등이며, 맛 성분은 글루타민glutamine·글루탐산glutamic acid·알라닌alanine 등 아미노산으로 알려져 있다. 버섯에는 프로비타민 D인 에르고스테롤ergosterol과 비타민 B_2도 많다. 식용버섯은 5~10℃에서 신선한 상태로 저장하거나 햇빛 또는 화력으로 건조하는데, 특히 햇빛으로 건조하면 버섯의 에르고스테롤이 비타민 D로 바뀐다.

버섯에 풍부한 식이섬유는 장의 연동운동을 활발하게 해 변비 해소에 효과가 좋다. 또 혈중 콜레스테롤 수치를 떨어뜨려 고지혈증과 동맥경화를 예방하는 효과가 있고, 혈당 조절 효과도 있어 당뇨병 예방에도 좋은 것으로 알려졌다. 이렇듯 버섯이 건강식품이라는 것은 잘 알려진 사실이다. 다만 종류가 매우 다양한 만큼 맛과 영양과 효능도 조금씩 차이가 있다. 새송이버섯은 값비싼 자연산 송이버섯과 맛이 비슷하면서도 비타민 C가 느타리버섯의 일곱 배, 팽이버섯의 열 배로 매우 높은 편이고, 양질의 단백질과 비타민 B_2, 비타민 D가 풍부해 영양면에서도 송이버섯 대용으로 손색이 없다.

버섯의 효능은 현대 과학 연구에서도 속속 밝혀지고 있다. 미국 터프츠대학교는 영양학 저널 <저널 오브 뉴트리션Journal of Nutrition>(2009년 5월)을 통해 "버섯에 들어 있는 진균이 면역 체계를 강화해 박테리아와 바이러스 감염을 차단하는 효과가 있다"라는 연구 결과를 발표했다. 또 "버섯은 우리 몸을 감염으로부터 방어하는 데 중요한 역할을 하는 호르몬 유사 단백질인 시토키닌cytokinin의 혈중 수치를 증가시킴으로써 면역력을 높인다는 사실이 실험 결과 밝혀졌다"라고도 했다.

버섯을 제대로 즐기려면

버섯은 어떻게 조리해 먹어야 몸에 가장 이로울까? 표고버섯은 예로부터 불로장수의 묘약으로 귀하게 여겨왔는데, 중국에서는 생기와 정력을 솟아나게 하고, 감기를 다스리며, 혈액 흐름을 원활하게 하는 것은 물론 기운을 북

돋운다고 해 높이 쳤다. 표고버섯 특유의 독특한 감칠맛은 조리하면 더 강해지고, 향과 영양 성분은 생것보다 말린 것에 더 많다. 표고버섯은 돼지고기와 함께 먹으면 좋은데, 표고버섯 특유의 향미와 감칠맛이 돼지고기의 누린내를 없애고 콜레스테롤 수치가 높아지는 것을 막아주기 때문이다. 느타리버섯은 암 환자가 투병할 때 겪는 탈모나 구토 등 부작용 완화에 효과가 있다는 연구 결과가 발표되기도 했는데, 볶음·산적·전 등에 고루 이용할 수 있다. 한약재로 사용할 뿐 아니라 잡채 등 각종 요리에 널리 쓰는 목이버섯은 식이섬유가 주성분이고, 단백질이나 비타민 등도 골고루 들어 있다. 그뿐만 아니라 대장 내에서 물을 흡수해 변의 양을 많게 하는 등 변비 개선에 큰 효과를 볼 수 있다.

다만 버섯은 상하기 쉬우므로 기능한 한 빨리 먹는 것이 좋다. 신선도가 떨어진 버섯은 식중독의 원인이 되기 때문이다. 버섯을 보관하는 방법으로는 염장·건조·냉장 등이 있는데, 안전하면서도 일반적인 방법은 일단 삶아 소금을 뿌려 절이는 것이다. 통조림이나 병조림으로 저장하기도 한다. 표고버섯은 생것으로 냉동해도 좋고, 다른 버섯은 소금을 넣지 않고 삶아서 냉장고에 넣어두면 일주일 정도 보관할 수 있다.

한국인은 버섯도 나물로 즐긴다

버섯은 본래 채소가 아니라 진균류로 분류한다. 진균류는 채소에 속하지 않지만 식물에는 포함된다. 채소와 달리 엽록소가 없어서 다른 생물에 기생하며, 줄기·잎·뿌리 같은 기관이 없기 때문에 채소에 포함되지 않는다. 그러나 지구상에 가장 널리 분포하는 생물체로, 인류의 채집 역사에서 아주 중요한 식물이었다. 쫄깃한 질감과 색감 그리고 향은 어느 음식에나 두루 잘 어울린다. 서양인은 버섯을 생으로, 샐러드로 즐겨 먹는다. 그렇다면 한민족은 버섯을 어떻게 먹어왔을까? 생으로 먹기도 하고, 나물·구이·전골·찜·볶음으로도 즐겼으며, 잡채·찌개·국 등 다양한 요리에 넣어 먹었다. 그중에서도 특히 나물로 즐겼는데, 끓는 물에 살짝 데쳐 조물조물 양념해 무치기도 하고, 기름에 볶아 양념해 먹기도 했다. '버섯나물'이라는 말이 한민족에게 익숙한 이유가 바로 이 때문이다.

나물로 즐기는 한국의 버섯

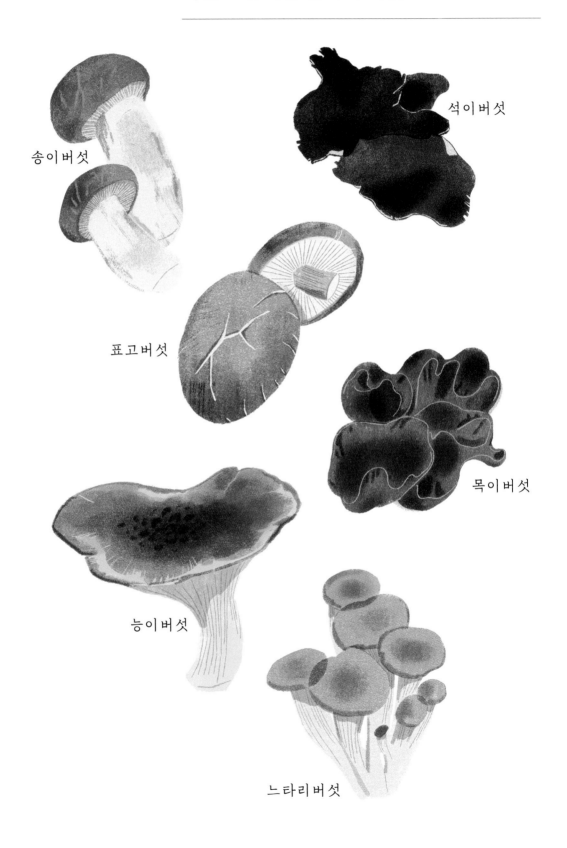

송이버섯

석이버섯

표고버섯

목이버섯

능이버섯

느타리버섯

석이버섯

이름 그대로 바위에 붙어서 자라며, 선명한 검은색이 특징이다.
참기름에 볶아 나물로도 즐기지만, 검은 빛깔 덕분에 한국 전통
음식에 고명으로 자주 등장한다. 보통은 말린 것을 불려 사용하며,
양손으로 비벼 씻으면 검정 물이 나오므로 여러 번 헹궈 사용한다.

능이버섯

가을에 한 달 정도만 채취가 가능해 귀하디귀한 능이버섯은
'향버섯'으로 불릴 정도로 향이 짙고 독특해 살짝 데쳐 숙회로 먹으면
별미다. 육류와 찰떡궁합이라 쇠고기와 함께 탕, 국, 전골로 즐기면
가을 보양식의 백미로 손색없다.

송이버섯

산중 고송 밑에서 소나무의 기운을 빌려 자라는 송이버섯은 향이
그윽하고 식감이 쫄깃하며 영양까지 풍부하다. 생것 그대로 소금과
참기름만 더해 내면 격식 있는 자리의 전채 요리로 더할 나위 없다.
추석 무렵이면 맛과 향이 절정에 이르며, 향이 진하고
자루 길이가 짧은 것이 값어치가 높다.

표고버섯

향긋한 향, 쫄깃한 식감, 감칠맛이 특징인 표고버섯은 한국인의
'국민 버섯'이라 할 만큼 일상 요리에 두루 쓰인다. 말려서도 즐기며,
가루 내어 천연 조미료로 활용하면 맛은 물론 영양 면에서도 좋다.

목이버섯

잡채에 고명으로 자주 등장하는 버섯이다. 고기처럼 쫀득쫀득한
식감이 일품으로, 향이 강하지 않고 맛이 담백해서 어느 요리에나
잘 어울린다. 살이 두툼하고 색이 짙은 것이 상품上品으로, 두께와
크기가 일정한 것이 좋다.

느타리버섯

한국인이 즐겨 먹는 버섯 중 하나다. 삶으면 식감이 더욱 부드러워져
양념장에 찍어 먹거나 잡채나 나물로 무쳐 먹는다. 찌개나 국에
넣거나 부침으로도 즐기는데, 그만큼 다른 재료와 잘 어울린다.
길이가 짧은 것이 값어치가 높다.

캐고, 따고, 줍는 누이 옆구리엔 바구니가 있었지

글 · 이내옥(미술사학자)

① 기원전 3세기~기원후 3세기.
② 고려와 조선 시대, 국가 경축일이나 세시 절기, 제사 등의 시기에 중앙과 지방의 책임자가 왕에게 그 지방의 토산물을 바치도록 한 일. 해산물·수산물·농산물·과실 등의 식품과 약재, 각종 수공예품 등을 나라에 상납했다.

총 6점으로 구성된 신윤복의 <여속도첩女俗圖帖> 중 '저잣길'. 18세기 후반~19세기 초반 풍속화로, 머리에 생선 함지박을 이고 나물이 든 망태기를 옆구리에 낀 채 이야기하고 있는 여인을 묘사했다. 국립중앙박물관 소장.

바구니는 대나무, 싸리나무, 볏짚, 풀 등으로 엮어 오목하게 만든 그릇이다. 주로 물건을 담고, 보관하고, 운반하는 데 쓴다. 실생활에서 널리 사용하는 보편적 용기이며 어느 나라, 어느 지역에서나 만들어 사용하고 있다. 역사적으로도 그 기원이 신석기시대까지 거슬러 올라갈 정도로 오래되었다. 충남 태안 앞바다에서는 7점의 고려 시대 바구니 유물이 발굴되기도 했다. 바구니는 일상 용기이기에 용도에 따른 형태와 기능은 다를 수 있으나 양식적 변화는 적다. 그래서 고려 시대 것이나 현대의 것이나 형태와 제작 방법이 크게 차이가 나지는 않는다. 그만큼 인류 보편의 용기라는 뜻이다.

바구니는 닳아 없어지는 게 숙명

바구니는 실생활에서 늘 사용하기에 쓰면서 조금씩 닳아 없어진다. 또 재질이 짚이나 나무이기에 결국 썩어 없어져 남아 있는 유물이 드물다. 한반도에서 가장 오래된 바구니는 경남 창원 다호리 유적에서 나온 기원후 삼한 시대①의 것이다. 형태는 둥글고, 가는 대나무 살로 엮었으며, 옻칠이 되어 있다. 대나무는 표면이 곱고 재질이 강하면서도 부드럽게 휘어지는 성질이 있는데, 이런 점이 바구니를 만드는 데 매우 적합했다. 국가에서도 바구니 만드는 기술을 장려하고 장인을 양성했다. 고려 시대부터 중앙관청에 장인을 배치했으며, 조선 시대에는 많은 장인이 일상용품은 물론 국가에서 필요로 하는 고급 공예품까지 제작했다. 대나무는 기후가 따뜻한 한반도 남방에서 자란다. 경상도 지방에서는 지리산 남쪽에도 분포하지만, 가공품 생산의 중심지는 호남의 담양이 중심지였다. 대나무가 많이 분포하는 담양에서 18세기 중엽에 대바구니를 공물로 진상②한 기록이 있다. 19세기 중엽 담양 지역 일대에서는 대나무 세공업이 크게 발달했다. 전문적인 죽물 시장이 형성되고, 다양한 대나무 상품이 거래되는 중심지가 되어 그 전통이 오늘날까지 이어지고 있다.

바구니의 명칭은 시대에 따라 달랐다. 16세기에는 '바고니'라고 했다는 기록이 있고, 18세기에는 '바구레' 그리고 19세기에는 '바군이'라고 했다는 기록이 전해진다. 지역에 따라서도 이름이 다양해 보금치, 바구리, 바구미, 바그미, 보고니, 보금지 등으로 불렸다. 19세기 조선의 실학자 서유구는 <임원경제지林園經濟志>에서 당시 바구니를 사용하는 풍속을 다음과 같이 설명했다. "오늘날 서울의 시장에서 오가는 이들은 타원형의 바군이를 가지고 다닌다. 대체로 생선이나 채소를 여기에 담는다. 여자들은 왼쪽 겨드랑이에 끼고, 남자들은 새끼줄을 매달아 메고 다닌다. 한강 이북에서는 대나무가 나지 않아 싸리 껍데기를 벗겨 짜 만든다."

조선 시대 워킹 우먼의 필수품

바구니는 조선 시대 기록뿐만 아니라 회화에도 나타나기 시작한다. 하층민과 여성이 그림의 주인공으로 등장하는 풍속화의 발전과 짝을 이룬다. 조선 풍속화를 창조한 윤두서(1668~1715)는 네 점의 풍속화를 남겼는데, 그중 가장 이른 시기의 작품으로 추정하는 '나물 캐기'에 시골 아낙네가 바구니를 들고 있는 모습을 그렸다. 조선 시대 최초의 풍속화에 바구니가 등장한 것이다. 그림 속 바구니는 밑바닥이 둥그렇고 올라갈수록 좁아지는 모양으로, 위에는 테두리를 둘렀으며 거기에 손잡이를 달았다. 엮은 모양을 그림으로 잘 표현했는데, 아마도 싸리나무 같은 재질로 만든 것으로 보인다. 이런 바구니는 천으로 만든 손잡이를 매달아 허리에 묶어 차기도 했다.

윤두서의 손자 윤용(1708~1740)도 나물 캐는 여인을 그렸다. 왼손에는

현대의 워킹 우먼들이 핸드백을 들듯이,
바구니는 조선 시대 일하는 여성의 필수품이었다.
오랜 세월을 거쳐 발전하면서 일상생활의 각 용도에 맞게
최적화된 기능이 돋보인다.

호미를 들고, 오른쪽 어깨에 줄로 매단 바구니를 메고 있는 모습이다. 풍속화가 발전하면서 김홍도(1745~?)와 신윤복(1758~?)의 그림에도 여인들이 바구니를 들거나 이고 있는 모습이 많이 담겼다. 신윤복의 풍속화 중 길거리에서 만나 얘기를 나누는 두 여인을 그린 '저잣길'이 있다. 등을 보이고 서 있는 여인은 오른쪽 옆구리에 바구니를 끼고 있고, 맞은편 젊은 여인은 머리에 생선을 담은 함지박을 인 채 오른쪽 어깨에는 채소가 담긴 바구니를 메고 있다. 오늘날 여성들이 핸드백을 들듯이, 조선 시대에는 바구니가 여성의 필수품이었던 듯하다.

밥도, 물도, 옷도, 씨도, 흙도 다 바구니 품에

바구니는 이렇게 조선 시대 일하는 여성의 필수품이 되면서 용도도 다양해졌다. 김홍도의 풍속 화첩 중에 점심 먹는 장면을 그린 그림이 있다. 남정네들은 앉아서 점심을 먹고, 식사를 차려 온 아낙은 한쪽에서 갓난애를 품어 젖을 먹이고 있다. 그 앞에는 대나무로 짠 커다란 밥 바구니가 보인다. 아마도 아낙네는 이 밥 바구니에 점심을 담아 이고 왔을 것이다. 당시 대나무 바구니로 만든 도시락도 있었다. 김홍도의 또 다른 풍속화 중에 우물가 풍경을 그린 그림이 있다. 물동이는 대체로 옹기로 만들었는데, 이 물동이를 담는 대나무 바구니도 있었다. 바로 김홍도의 우물가 풍경화에 그 바구니가 보인다. 조선 시대 풍속화에 등장하는 바구니 대부분은 이렇게 운반 용도로 쓴 것이 많다.

의생활과 관련한 바구니도 많았다. 대표적인 게 여성의 바느질 도구를 넣어두는 바구니다. 대나무를 이용해 둥그런 형태로 만들었으며, 안쪽에 가는 대자리를 덧붙여 촘촘하게 마감하기도 했다. 옷을 넣어두는 고리짝도 바구니로 만들었다. 대체로 직사각형 상자 모양이며, 뚜껑이 있어 옷을 넣고 덮어두었다. 담양에서는 오색 물을 들인 대오리를 엮어 옷 함을 만들었다. 이를 채상彩箱이라 불렀는데, 이는 매우 고급품이었다. 옷을 만들기 위해 길쌈 용구를 넣어두는 바구니도 있었다.

농사와 관련한 바구니도 여러 가지 있었다. 농사에서는 다음 해를 위해 씨앗을 골라 잘 저장하는 일이 매우 중요했다. 옛말에 "농사꾼은 굶어 죽어도 씨오쟁이를 베고 죽는다"라는 말이 있다. 농사꾼에게 씨앗은 목숨보다 소중하다는 뜻인데, 종자를 보관하는 망태기가 바로 씨오쟁이다. 주로 짚을 사용해 병 모양으로 엮은 다음 목 부분에 끈을 매달아 사랑채 같은 곳에 걸어 보관했다. 쥐가 파먹을 위험을 피할 수 있고, 습도 조절 효과는 덤이다. 봄에 파종을 할 때는 파종 바구니에 씨를 담아 들고 다니며 뿌렸다. 손잡이가 있는 경우가 많고, 띠를 붙여 허리에 맬 수 있는 것도 있다.

삼태기는 거름을 담아 밭에 뿌릴 때 쓰는 바구니다. 아궁이 주변의 재를 쓸어 담아 버릴 때 사용했고, 대나무로 만든 삼태기는 물고기를 잡는 데도 유용했다. 삼태기의 변형된 형태로 지게 위에 두는 바소쿠리가 있는데, 거름이나 흙을 담아 운반했다. 이런 농사용 바구니뿐 아니라 해안가 지역에는 어업과 관련한 다양한 바구니가 있었고, 이 외에도 각 지역마다 풍토에 맞는 바구니를 만들어 사용했다.

그 많던 바구니는 어디로 갔을까?

20세기 들어 한국 사회가 급격한 산업화를 거치면서 한민족이 수천 년간 전승해오던 바구니 문화도 그에 못지않게 큰 변화를 겪었다. 대나무나 짚 등 자연 재료로 만든 바구니가 사라지고, 합성수지로 만든 공산품 바구니가 점점 그 자리를 차지했다. 합성수지 바구니는 내구성이 뛰어나고 값도 저렴해서 자연 재료는 상대가 될 수 없었다. 그 재질의 전이와 변화는 급속히 이루어졌는데, 이는 공예 역사 전반에 걸쳐 가히 혁명적인 것이라 할 수 있다. 20세기 중반경만 해도 한국의 가정 대부분에서 자연 재질의 바구니를 많이 사용했으나 지금은 그 자취를 거의 찾아볼 수 없으니 말이다.

내 기억에 남는 것은 밥을 담아 대들보에 걸어두던 대나무 밥 바구니다. 여름날 어머니가 아침밥을 넉넉하게 지어 밥 바구니에 담아두셨고, 점심때가 되면 그 밥을 내려서 먹었다. 대나무가 원래 찬 성질을 지닌 사물인데다가 바

구니의 댓잎 틈새로 공기가 통해 더운 여름에도 밥이 잘 상하지 않았다. 냉장고가 없던 시절, 대나무 밥 바구니가 그 기능까지 한 것이다. 오랜 세월을 거쳐 발전해온 바구니는 이렇게 일상생활에서 용도에 맞는 기능을 수행하며 최적화된 것들이었다.

손때 묻고 해져야 비로소 예술

"한약은 짓는 이, 달이는 이, 먹는 이, 이 세 사람의 정성이 합해져야 효과를 얻을 수 있다"라는 말이 있다. 물질과 인간 간 상호작용, 교감의 중요성을 지적한 말이다. 공장에서 찍어낸 합성수지 바구니는 튼튼하고 사용하기 편하다. 하지만 그것을 쓰는 사람은 그 물건과 어떠한 정서적 교감도 하지 못할 것이다. 합성수지 바구니에는 만드는 이의 손길이나 정서가 전혀 투영되어 있지 않기 때문이다. 오랜 세월이 흘렀지만 어릴 때 사용하던 밥 바구니를 기억하고 표현할 수 없는 정감을 느끼는 것도 그런 이치가 아닐까 생각한다.

20세기 일본을 대표하는 사상가이자 미학자 야나기 무네요시(柳宗悅)는 공예를 모든 예술의 최고 위치에 두었다. 공예야말로 우리 생활과 가장 밀접한 예술이기 때문이다. 야나기 무네요시는 아름다움이 그 모습을 가장 잘 드러내는 환경은 생활이라 전제하고, "아름다움은 생활에 침투하고 생활과 접촉함으로써 더욱더 아름다워진다"라고 했다.

한국의 바구니는 기능에 충실하며 군더더기 없는 건실함이 있다. 그것을 만든 장인의 교양이 높은 것도 아니다. 또 민중 생활의 실용적 목적으로 만든 것이기에 높은 가치를 부여할 수도 없다. 그러나 거기에는 오래 축적된 전통이 있고, 죽은 자의 참여가 있으며, 만든 이의 무심한 너그러움과 따뜻함이 배어 있다. 그리고 사람들이 아끼고 매만지면서 반질반질 윤이 나고, 세월이 흐를수록 생활 속에서 해지고 삭으면서 점차 생명이 다해 이내 사라진다. 고이 모셔두고 보존하는 예술 작품과 달리 무수한 옛 바구니는 한국인의 일상생활 속에서 함께하며 쓰이다가 사라졌다.

옛 바구니는 이제 소멸할 운명일까? 나물을 캐고, 감자와 고구마를 담아 옮기며, 씨앗을 보관하던 바구니는 산업화를 거치고 생활환경이 변화하면서 존재 가치가 날로 낮아지고 있다. 중국 대나무 공예의 중심지인 저장성의 한 마을도 1980년대에 30여 명이던 장인이 이제는 한 명에 불과하다고 한다. 싸고 내구성 좋은 합성수지 제품에 밀려난 것이다. 그러나 환경을 생각한다면 여전히 대나무나 짚으로 만든 바구니가 우위에 있다. 그리고 공장에서 찍어낸 것이 아닌 수공예품이 전하는 따뜻한 인간적 체취는 여전히 우리 감성에 호소하는 힘이 크다. 따라서 바구니의 기능을 현대 쓰임새에 맞게 재해석해 생산한다면 수공예 바구니를 되살릴 수 있는 새로운 모색이 될 것이다.

임채지

초고장

바구니 짜는

흔히 짚풀 공예는 한국인의 삶을 풍요롭게 해준 농경문화의 진수라고 일컬어진다. 임채지 초고장草藁匠은 전통적인 농경 사회에서 한국 선조들이 볏짚과 들풀을 이용해 각종 생활 도구를 만들어 사용했듯, 짚풀 공예의 맥을 잇고 있는 장인이다. 짚신을 삼고, 바구니를 만들고, 이엉을 엮을 뿐 아니라 멍석, 발, 가마니, 삼태기 등 농사에 필요한 생활용품부터 농사일 돕던 동물의 조형물까지 두루 만든다.

산과 들에 흔하디흔해 하찮고 보잘것없는 존재인 짚풀도 임채지 초고장의 손을 거치면 쓰임새를 갖춘다. 짚을 그대로 사용하거나 새끼를 꼬아 만드는데, 짚으로 생활용품을 만들 때 가장 중요한 것이 바로 새끼 꼬기다. 짚으로 새끼를 꼴 때는 짚 두 가닥을 양 손바닥으로 비벼서 하는 것이 요령이다. 특별한 연장 없이 손재주만 있으면 간단한 물품 정도는 누구나 만들 수 있어 불과 몇십 년 전만 해도 짚풀용품은 농가에서 쉽게 마주할 수 있는, 말 그대로 생활필수품이었다는 것이 임채지 초고장의 설명이다. 짚풀로 만들면 가볍고 통풍이 잘되어 채소와 곡식을 수확할 때나 옮길 때 특히 편한데, 임채지 초고장의 짚풀 작품 중 얼기설기 새끼를 꼬아 주머니 모양으로 엮은 망태나 주둥이가 좁아 씨앗 뿌릴 때 사용하던 바구니인 종다래끼, 심마니가 약초 캘 때 사용하던 가방인 주루막 등은 산과 들에서 캔 나물을 담아 올 때도 유용해 오늘날로 치면 장바구니로도 손색없었다. "태어나 죽는 날까지 짚과 함께 빈손으로 살아왔고, 또 살아갈 것"이라는 임채지 초고장은 2013년 12월 전남 무형문화재 제55호로 지정되었다.

뿌리,
캐다

뿌리 깊은 뿌리채소

글 · 정혜경(호서대학교 식품영양학과 교수)

연근은 얕은 연못이나 깊은 논에서 재배한다.
"사계절 내내 먹을 수 있고 사람의 마음을 기쁘게 한다"라는
<본초강목>의 설명은 '21세기 대표 슈퍼푸드'라는
수식과 일맥상통한다.

① 신라 진평왕 때 백제의 서동(백제
무왕의 어릴 때 이름)이 지었다는 민요
형식의 노래로, 한국 최초의 4구체
향가다.
② 마 서薯, 아이 동童.

뿌리채소가 땅속에서부터 식탁에
오르기까지의 과정은 야생식물이
인간의 작물이 되기까지의 과정이라고
할 수 있다. 뿌리채소는 야생식물에서
한민족의 목숨을 구하는 대표
구황식물로, 그리고 최근에는 건강
식재료로 등극한 한국의 대표 채소다.
사진의 연근은 식용보다 관상용에
가깝다.

"선화공주니믄 남 그즈지 얼어두고 맛둥방을 바매 몰 안고 가다
(선화공주님은 남몰래 시집을 가서 맛둥 서방을 밤에 몰래 안고 잔다)."
–＜서동요＞① 중

나무의 열매와 함께 뿌리는 인류 역사에서 가장 오래된 식량이다. 한민족 역시 땅에 얕게 묻혀 있는 구근채소와 도토리 같은 나무 열매를 선사시대부터 먹었다. 특히 구근채소 중에서도 마는 '서동요'를 통해 역사 속에 흔적이 남아 있다. 신라의 선화공주를 얻기 위해 백제의 무왕은 노이즈 마케팅을 벌여 아이들에게 '서동요'를 부르게 했다. 이로써 서동薯童②, 이름 그대로 마를 캐서 생계를 잇던 소년이 공주를 얻고 왕이 되었다.

한민족의 뿌리는 바로 구근채소인 뿌리채소라 해도 과언이 아니다. 한민족의 생명줄을 이어온 구황식의 대명사가 바로 뿌리채소기 때문이다. 뿌리채소는 열량원이 되는 탄수화물이 풍부하고 척박한 환경에서도 잘 자라며, 저장성도 좋아 구황작물로 많이 이용했다. 뿌리채소는 뿌리 혹은 덩이뿌리를 주로 먹는 채소로, 근채류根菜類라고 한다.

그럼 한민족이 즐겨 먹어온 뿌리채소에는 어떤 것이 있을까? 보통 우엉, 연근, 도라지, 더덕, 토란, 무, 순무, 양파, 마, 당근, 생강, 마늘은 물론 감자, 고구마까지 이에 해당한다고 본다. 그러나 구체적으로 분류하기는 좀 까다롭다. 한민족이 즐기는 무·순무·당근·우엉 등은 곧은뿌리(직근)가 비대해진 것이고, 고구마와 마는 뿌리의 일부가 비대해진 덩이뿌리이며, 연근·감자·생강·토란 등은 땅속줄기가 발달한 것이다. 그리고 양파는 잎이 변형되어 둥근 모양이 된 것이며, 양념으로 많이 먹는 마늘은 땅속에 있는 비늘줄기가 변화한 것이다. 그런데 서류薯類(감자류)에 속하는 감자나 고구마는 채소로 넣기도 하지만 옥수수같이 전분을 주로 이용하는 식량 작물로 많이 분류한다. 반면 토란은 서류에 속하지만 주식으로 먹지 않기에 뿌리채소로 분류한다. 특히 토란은 한국에서는 대표 절기 음식으로 추석이면 토란탕을 끓여 먹는 오랜 전통이 있다.

대표 구황식, 뿌리 채소

조선 시대에 발생한 2000여 회의 재난 중에는 기근이 400여 회에 이르는 것으로 기록되어 있다. 이 기근을 극복하기 위해 구황 식품이 발달할 수밖에 없었을

것이다. 하지만 조선 시대의 구황 식품은 재해로 인한 기근이 들었을 때만 먹은 식품이라기보다는 가난한 농민이 생존조차 위협받는 상황에서 살아남기 위해 산과 들에서 찾은 자연식품이기도 하다. 그렇게 찾아낸 식품은 국가에서 구황서로 정리해 출간하기도 했다. 조선 시대에 간행한 구황서에는 많은 구황작물이 등장하지만 그중 빠지지 않는 것은 칡뿌리, 토란, 마, 연근, 우엉, 더덕, 도라지 같은 뿌리채소다. 특히 뿌리채소가 구황작물이 된 이유는 다른 채소와 달리 뿌리 부분에 열량원이 되는 전분이 풍부해 실제로 배고픔을 달래주는 역할을 했기 때문이다.

파이토뉴트리언트의 보고, 뿌리채소

최근 질병 예방·치료와 건강 유지에 필요한 식물 영양소(일명 파이토뉴트리언트)가 부각되면서 식물 유래 화학물질을 총칭하는 파이토케미컬 phytochemical이 화제가 되고 있다. 파이토케미컬은 대부분 식물의 2차 대사산물로, 원래 식물이 해충이나 주변 동물, 자외선 등으로부터 스스로를 보호하기 위해 만든 방어 물질이다. 쉽게 말하면 약한 독성분이나 쓴맛 성분이 대표적 파이토케미컬이다. 이 성분은 대부분의 채소에 있지만, 특히 뿌리채소에 많이 함유되어 있다. ⤴ '나물 민족, 한국인' 43쪽

예를 들어 더덕은 사포닌 성분을 풍부하게 함유해 인삼과 비슷한 효능을 지닌다. 무엇보다 폐 기능 개선이나 해열에 특효가 있다. 또 더덕의 폴리페놀은 항산화 성분으로 혈액의 콜레스테롤 수치를 낮추는 효능이 있다. 한민족이 특별히 즐겨 먹는 마늘은 항암 효과가 뛰어난 식품으로 선정된 바 있으며, 생마늘·구운 마늘·초절임 마늘 등이 모두 DNA 손상 억제 효과가 있는 것으로 나타났다. 생강은 향이 독특해 한민족이 오랜 세월 양념으로 사용해왔는데, 인체의 면역 세포 분비량을 유도·조절해 체내 면역 기능을 향상시킬 수 있다는 연구 결과가 있다. 서양에서 들어온 대표 채소 양파는 현재 한국인의 식품 소비량 중 배추 다음으로 많은 채소가 될 정도로 사랑받고 있다. 그만큼 다양한 형태로 소비하지만 강한 향 때문에 주로 양념으로 이용하는 경우가 많다.

한방에서 '길경'이라 부르는 도라지는 진정, 진통, 해열, 항궤양, 항염증, 거담, 이뇨, 강장, 호흡 기능 개선 등에 효과가 있다고 알려져 있다. 대표적 뿌리채소인 무 역시 오랜 세월 한민족에게 중요한 채소였다. 소화를 돕는 것은 물론

한국산 무와 그 종자의 단백질을 추출·분리해 세포 독성에 끼치는 영향과 항균 활성을 검토해본 결과 유익한 효능이 있는 것으로 나타났다.

뿌리채소를 건강하게 조리하는 방법

뿌리채소는 다른 채소에 비해 요리 활용도가 높다. 시금치나 배추 같은 엽채류의 경우 생으로 먹거나 무치는 등 조리하기 간편하지만 요리 활용도는 낮은 반면, 뿌리채소는 생으로도 먹을 수 있고 조리거나 찌는 등 모든 조리법이 가능하다. 한 가지 채소를 여러 가지 조리법으로 요리할 수 있는 것이 가장 큰 매력이다. 뿌리채소 각각의 재료 성분과 특색을 알고 장점을 최대한 끌어내는 게 가장 중요하다.

예를 들어 연근과 우엉은 잘못 조리하면 쓴맛이 날 수 있기에 살짝 데친 후 조림이나 튀김으로 만들어 채소 특유의 식감과 맛을 살리는 것이 좋다. 밥 지을 때 우엉을 넣은 우엉밥도 별미다. 연근은 잘 말려두었다가 튀각으로 만들면 반찬거리나 아이들 간식거리로도 일품이며, 말려서 살짝 튀긴 연근을 활용해 만든 샐러드도 좋다. 당근은 생으로 먹을 때보다 기름을 두른 프라이팬에 소금 간만 살짝 해서 구우면 지금까지 몰랐던 당근의 단맛을 끌어올릴 수 있고, 카로틴의 흡수에도 좋다. 그리고 인삼보다 낫다는 가을무가 나오기 시작하면 뭇국을 추천한다. 보통 뭇국은 생무를 잘라 넣고 끓이는데, 무를 한 번 구운 뒤 끓이면 무의 깊은 맛을 끌어낼 수 있다. 무청의 연한 부분은 살짝 데쳐서 양념에 무쳐 나물로 먹거나, 된장에 찍어 먹어도 맛있다. 말려서 시래기로 만들면 오래 보관하기에도 좋을뿐더러 수분이 빠지면서 무청에 들어 있는 영양 성분이 더욱 증가한다. 최근 다양한 외국 뿌리채소가 한국인의 식탁에 등장하고 있다. 특히 많은 이가 즐겨 먹는 비트는 특유의 흙냄새와 강력한 붉은색 때문인지 대부분 요리에 색을 내는 용도로 쓴다. 또 피클처럼 절임류로 많이 만들어 먹고, 나박김치 같은 국물김치에도 사용한다.

한국 요리에 두루 쓰는 뿌리채소

연근

주성분은 탄수화물이며 비타민 C가 아주 풍부하다. 잘랐을 때 생기는 점성 물질인 뮤신이 콜레스테롤 억제를 돕는다. 연근은 속이 하얗고 부드러우며, 구멍이 작을수록 좋다.

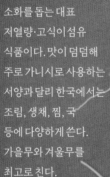

무

소화를 돕는 대표 저열량·고식이섬유 식품이다. 맛이 덤덤해 주로 가니시로 사용하는 서양과 달리 한국에서는 조림, 생채, 찜, 국 등에 다양하게 쓴다. 가을무와 겨울무를 최고로 친다.

마

'산에서 나는 보약'이라 하여 산약이라고도 한다. 소화를 돕는 아밀라아제가 풍부한데, 가열하면 효능이 떨어지므로, 생으로 먹는 것이 가장 좋다.

더덕

산삼에 버금가는 약효를 지녔다고 해 '사삼'이라고도 한다. 뿌리 속 사포닌·이눌린 성분이 감기 완화에 효과가 있다.

당근

면역력을 높여 암 예방에 도움을 주는 베타카로틴이 껍질에 많아 껍질째 먹는 것이 좋으며, 기름에 볶으면 흡수율이 더 좋아진다.

도라지

감기와 호흡기 질환에 쓰는 약재이기도 하다. 길고 곧은 뿌리가 맛있을 뿐더러 나물로 조리하면 흰색이 아름다워 제사상에 올리는 삼색 나물로도 제격이다.

생강

주로 음식에 향신료로 많이 사용한다. 단백질 분해 효소인 디아스타아제가 들어 있어 생선 비린내를 제거하는 효과가 탁월하며, 고기 누린내 제거와 살균 효과도 뛰어나다.

순무

'과일 무'라고도 부르는 순무는 일반 무에 비해 달고 아삭하면서 알싸한 맛이 일품이다. 항염·항암 효과 덕분에 새로운 슈퍼푸드로 각광받고 있다.

양파

봄에 나오는 햇양파는 수분이 많고 맛이 달며 아삭한 반면, 가을 양파는 저장 기간이 긴 만큼 매운맛은 더 강하고 수분은 햇양파에 비해 적다.

우엉

잘랐을 때 끈적거리는 리그닌 성분은 식이섬유의 일종으로 요즘 항암 성분으로 주목받고 있다. 쌀뜨물에 껍질째 데쳐 조리하면 고유의 맛과 아작한 식감, 영양을 맛볼 수 있다.

토란

한국에서는 속이 꽉 찬 사람을 가리켜 "알토란 같다"고 비유할 정도로, 토란은 영양이 풍부하다. 식이섬유가 많아 변비 해소에 좋고 뮤신 성분이 소화도 돕는다. 단, 독성이 있으므로 반드시 익혀 먹어야 한다.

마늘

생으로도 먹고, 구이로도 즐기며, 요리 양념에 주로 쓴다. 강한 살균 작용이 특징이다.

절기 음식에 뿌리채소가 빠질 수 없다

글 · 윤덕노(음식 문화 칼럼니스트)

한가위 절식인 토란국(위)과 한국의 명절상에서 빠지지 않는 화양적. 토란은 소화를 돕는 성분이 들어 있어 과식하기 쉬운 명절 즈음 토란국을 먹으면 좋다. 화양적은 도라지, 쇠고기, 표고버섯, 달걀지단, 당근 등을 양념한 다음 간장, 참기름에 볶아 꼬챙이에 꿴 후 기름에 익혀서 잣가루를 뿌려 낸다.

한국인이 명절이면 반드시 챙겨 먹는 음식이 몇 가지 있다. 계절에 따라 다소 다르지만 1년 중 가장 큰 명절의 하나인 추석에는 토란국을 먹는다. 물론 지역에 따라 다른데, 서울을 중심으로 한 중부지방에서는 추석에 토란국이 빠지지 않는다. 명절 김치도 빼놓을 수 없다. 김치야 한국 대표 반찬이니 당연한 것 아니냐 싶겠지만 김치도 김치 나름이다. 명절날에는 배추김치나 깍두기 같은 일상에서 먹는 김치 외에도 나박김치 혹은 동치미 같은 무김치가 상에 오른다. "떡 줄 사람은 생각도 않는데 김칫국부터 마신다"라는 속담이 괜히 생긴 것이 아니다. 떡은 대표 명절 음식이고 김칫국, 특히 무로 담근 나박김치와 동치미는 떡이 있으면 반드시 뒤따르는 음식이다. 그런데 거꾸로 김칫국부터 차려놓고 떡을 기다리니 문제가 된다.

한국의 명절에는 나물도 빠지지 않는데, 그중에서도 계절에 관계없이 차리는 나물이 도라지무침이다. 추석 명절에 먹는 토란국, 명절 상에 빠지지 않는 도라지화양적과 도라지무침 그리고 나박김치, 동치미를 비롯한 각종 무김치 등. 한국인이 명절에 먹는 음식의 공통점은 무엇일까? 관점에 따라 여러 대답이 나올 수 있겠지만, 식물분류학으로 보면 모두 뿌리채소로 만든 음식이라는 것이다. 그러고 보니 한국 명절 음식에는 뿌리채소가 재료인 음식이 적지 않다. 이유가 무엇일까? 역시 시각에 따라 대답이 다르겠지만, 속담과 전설 그리고 역사를 비롯한 인문학적 관점으로도 풀이가 가능하다.

봄나물 뿌리는 인삼보다 명약

먼저 봄나물이다. 지금은 잊혀가는 세시 음식이 됐지만, 예전에 입춘을 비롯한 봄철에는 다섯 가지 매운 채소인 오신채나 달래, 냉이, 씀바귀를 비롯한 봄나물을 먹었다. 여기에도 배경이 있으니, 옛날 할머니들은 "겨울을 넘긴 나물 뿌리는 인삼보다도 명약"이라고 했다. 겨울 내내 꽁꽁 얼어붙어 있던 땅을 헤집고 나와 움을 틔운 것이 봄나물이기에 그 끈질긴 생명력을 섭취하는 것만으로도

"겨울을 넘긴 나물 뿌리는 인삼보다도 명약"
"무가 시장에 나오면 의원이 문을 닫는다"
"토란은 땅에서 나오는 달걀"
"산삼보다 나은 10년 묵은 도라지"

우리 몸에 생기를 불어넣는 것과 다름없다고 여겼다. 조선 후기, 다산 정약용의 아들 정학유가 지은 '농가월령가農家月令歌'를 봐도 알 수 있다. "산채는 일렀으니 봄나물 캐어 먹세/ 고들빼기 씀바귀며 소루쟁이 물쑥이라/ 달래김치, 냉잇국은 비위를 깨치나니/ 본초를 상고하여 약재를 캐오리라."

봄을 앞둔 2월령의 구절인데 봄나물이 얼마나 몸에 좋은지 갖가지 약초 종류를 적어놓은 약학서 <본초本草>를 참고해서, 나물이 아닌 약재를 캐오겠다고 노래할 정도다. 사실 굳이 옛 문헌을 뒤적거리지 않아도, "음식과 약은 뿌리가 같다"는 약식동원藥食同源이라는 사자성어를 들먹이지 않아도 봄나물이 몸에 좋다는 사실을 경험적으로 알고 있었기에 나물을 봄철의 시절 음식으로 삼았을 것이다.

토 란 은 땅 에 서 나 는 달 걀

한가위의 절식인 토란도 따지고 보면 특이하기 그지없다. 평소에는 잘 먹지 않지만 추석에는 빼놓지 않고 먹는다. 이유가 무엇일까?

토란이 한국, 나아가 한·중·일 동북아시아에서 차지한 특별한 위상 때문일 것이다. 그만큼 옛날 한국인의 조상은 토란을 특별하게 여겼다. 17세기 초의 한국 대표 고전소설 <홍길동전>을 지은 작가 허균은 토란국을 신선의 음식이라고 읊은 송나라 소동파의 시를 인용하면서 "땅에서 나는 음식 중 토란보다 맛있는 것은 없을 것"이라며 예찬론을 펼쳤다. 토란을 지상 최고의 음식, 하늘의 음식으로 여긴 것인데 토란이 얼마나 좋았으면 이름까지 흙 토土, 달걀 란卵 자를 써서 토란, 즉 '땅에서 나오는 달걀'이라고 이름 지었을까 싶다. 생김새가 딜

한국인이 가장 많이 먹는 4대 채소(배추, 무, 고추, 마늘) 중 하나인 무. 김치 재료뿐 아니라 나물, 국, 조림 등 다양한 한국 음식에서 활약하는 식재료다.

걀을 닮아서이기도 하지만 토란의 영양가를 그만큼 높게 평가했던 것으로 보인다. 그 때문인지 예전의 한민족은 토란을 일상에서 많이 먹었다.

고려 시대 의학서 <향약구급방>에 토란이 언급된 것을 비롯해 13세기 고려 시인 이규보도 "시골에서 토란국을 끓여 먹었다"라는 내용이 담긴 시를 남겼고, 14세기 목은 이색 역시 "두부 반찬에 토란을 배불리 먹었다"라는 글을 남겼다. 또 18세기 정약용도 "토란이 입맛에 맞아 즐겨 먹는다"라고 했으니, 옛날에는 평소에도 토란을 두루 먹었던 것으로 보인다. 실제로 조선 초기 문헌 <용재총화慵齋叢話>에는 한양의 청파와 노원 두 역참에 토란을 많이 심었다는 기록이 있으니 당시에는 한양 근교에 대규모 토란밭이 있었다는 얘기다.

그렇다면 현대인이 평소에는 토란을 먹지 않다가도 추석이면 특별히 명절 음식으로 챙겨 먹는 이유는 무엇일까? 추석은 한국뿐만 아니라 한·중·일 공통의 명절인데, 세 나라가 추석에 먹는 떡은 달라도 토란은 공통으로 먹는다. 추석 음식의 가장 큰 특징은 수확한 곡식으로 하늘과 조상께 감사드리던 것에서 비롯했다는 것이다. 그런데 고대에는 토란이 쌀 다음가는 중요한 양식이었다. 옛날에는 쌀, 보리가 없으면 고구마나 감자로 식량을 대신했을 것 같지만, 남미가 원산지인 감자·고구마·옥수수는 아시아에 18~19세기에나 퍼진 작물이다. 따라서 고대에는 토란이 감자와 고구마 자리를 대신했고, 그렇기에 한국의 추석, 중국의 중추절, 일본의 중추 같은 보름날에 토란 수확을 감사하며 세 나라가 공통으로 토란을 명절 음식으로 삼았던 것이다. 그러니 현대와 달리 곡식이 드물던 옛날에는 토란을 땅에서 나오는 달걀이라며 귀히 여길 만했다.

무가 시장에 나오면 의원이 문을 닫는다

나박김치는 추석이나 설날 같은 명절에 특별히 따로 담그는 김치다. 따지고 보면 한국인이 명절에 나박김치를 담근 데에도 분명히 나름의 이유가 있었다. 고춧가루나 맨드라미 꽃잎으로 붉게 물들인 김치 국물에 얇고 네모지게 썬 무와 미나리, 실고추를 넣어 담근 나박김치는 입맛을 돋우는 데 안성맞춤일 뿐만 아니라 훌륭한 천연 소화제이

二千三十圖

기도 했다. 오늘날에도 어르신들은 소화를 잘 시키지 못해 속이 더부룩하면 나박김치 국물을 찾으며 "한 사발 들이켜면 묵은 체증이 쑥 내려간다"라고 말한다. 떡을 먹을 때면 나박김치를 함께 내놓는 것 역시 떡 먹은 후 체하지 말고 잘 소화시키라는 의미로, 옛 어른들의 경험에서 나온 지혜일 것이다.

겨울 김치인 동치미도 마찬가지다. 무에는 디아스타아제라는 효소가 있는데, 소금에 절이면 동치미 국물에 녹아나와 소화에 도움을 준다. 게다가 시원한 탄산 맛과 함께 무기질, 비타민, 유기산 등이 들어 있어 천연 이온 건강 음료 역할까지 한다. 그러고 보면 "무가 시장에 나오면 의원이 문을 닫는다"라는 속설을 옛사람들의 뜬금없는 과장이라 웃어넘길 것만도 아니다. 한국인에게 김치는 약이고, 그 중심에 동치미와 나박김치가 있었으니 아무래도 과식하기 쉬운 명절에 무김치가 빠지지 않은 이유였을 것이다.

10년 묵은 도라지는 산삼보다 낫다는데

쇠고기와 도라지·버섯 등으로 예쁘게 꾸민 화양적의 주재료로, 시금치·고사리와 함께 차례상에 빠지지 않는 삼색 나물인 도라지 역시 한국인에게는 특별한 의미가 있는 뿌리채소다. 전통적으로 한국에서 가장 귀중하게 여기던 약초이자 죽은 사람도 살려내는 명약으로 여기던 것이 산삼이고 인삼인데, 도라지는 이런 인삼에 버금가는 약재이자 채소다. 그래서 "10년 묵은 도라지는 산삼보다도 낫다"라는 속담이 있을 정도다. 다만 산삼은 삼을 캐는 심마니가 하늘의 점지를 받지 못하면 캘 수 없을 만큼 신령한 약재였고, 인삼 또한 지금이야 흔해서 지천으로 널려 있지만 조선 시대 이전에는 심하게 아플 때나 부자 아니면 먹지 못하는 값비싼 약재였기에 웬만하면 도라지가 산삼과 인삼 역할을 대신했다. 그래서 지금은 인삼을 넣고 끓인 삼계탕을 흔히 먹지만 조선 시대에는 인삼이 들어간 삼계탕 대신 도라지를 비롯한 일곱 가지 일반 약초를 넣고 끓인 칠향계 七香鷄를 보약으로 삼았다.

한반도에 흔하던 도라지는 이렇게 더덕과 함께 인삼을 대신하는 범용의 약초였으니 계절에 맞춰 무병과 무탈을 기원하는 명절 음식, 세시 음식으로 빠질 수 없던 이유가 여기에 있다. 지금은 큰 의미 없이 먹는 명절 음식, 세시 음식에 알고 보면 뿌리채소 음식이 적지 않다는 사실이 뜻밖인데, 그 속에는 이렇듯 나름의 배경이 있다는 것 또한 의외다.

여성들의 연장, 호미

글 · 이내옥(미술사학자)

왼쪽 사진·나물을 캐고, 땅을 파고,
잡초를 뽑고, 작물을 수확하는 데 쓴
호미는 역사적으로 주로 여성이 사용한
농기구였다.
아래 사진·왼쪽부터
논호미: 논바닥을 뒤집고 김을 매는 데
사용한다. 보습형 호미라고도 한다.
귀호미: 이랑이 넓은 밭의 김을 맬 때
쓰며 세모형 호미, 양귀호미라고도 한다.
밭호미: 자갈 등의 거친 땅에서
주로 사용하며, 가장 쓰임이 많다.
낫형 호미, 외귀호미라고도 한다.

예전부터 해외 동포들이 한국에 왔다가 꼭 사 가는 것 중 하나가 호미다. 텃밭이나 정원을 가꾸는 데 서양의 모종삽에 비해 편리하다는 것이다. 이런 소문이 퍼진 덕분인지는 몰라도, 최근 미국을 비롯한 여러 나라 사람들이 한국의 호미를 주문하고 있는 실정이다. 온라인 쇼핑몰 베스트셀러에 올랐다는 소식도 들린다. 한국의 작은 농기구인 호미가 그 기능과 효용성을 인정받은 것이다.

호미는 기능에 더해 디자인도 뛰어나다. 작가 박완서는 그런 호미를 다음과 같이 눈여겨보았다. "고개를 살짝 비튼 것 같은 유려한 선과, 팔과 손아귀의 힘을 낭비 없이 날 끝으로 모으는 기능의 완벽한 조화는 단순 소박하면서도 여성적이고 미적이다. 호미질을 할 때마다 어떻게 이렇게 잘 만들었을까 감탄을 새롭게 하곤 한다." 산문집 <호미>에서 그가 표현했듯 잡초를 뽑고, 나물을 캐고, 땅을 파고, 흙을 밀고 당기는 모든 과정이 이 호미 하나로 능숙하게 처리된다. 호미는 역사적으로 여성이 사용한 농기구였기에 여성성이 깃들어 있다.

예전에는 호미를 호메, 호미, 흐미로 불렀고, 19세기에 접어들어 호미라고 했다. 지방에 따라 호맹이, 호메이, 호무, 홈미, 호마니, 허메, 허미, 희미 등으로 부르기도 한다. 호미는 지역, 모양 등에 따라 다양하게 분류할 수 있다. 대체로 기능과 모양에 따라 논호미와 밭호미로 나눈다. 밭에 자갈돌이 많은 전남 완도 청산도의 호미는 그에 맞는 모양새를 갖추었는데, 날의 폭이 좁고 뾰족한 형태다. 이웃 호남평야 지역의 호미 날보다 더 좁고 예리하다. 이는 돌이 많은 곳에 적합한 '낫형'으로, 제주도 골갱이와 호남평야 지역 호미의 중간 형태다. 이렇게 한국의 호미는 지역의 자연환경에 맞춰 모양을 달리했다.

역사학자 서금석의 연구에 따르면, 호미의 원형은 이미 고대부터 있었다. 고대의 호미는 형태와 기능 면에서 지금의 것과 달랐다. 안압지에서 발굴된 8세기경의 호미는 낫 모양으로 날은 삼각형을 이루었다. 이런 고대의 호미는 여러 형태의 변화를 거쳐 고려 시대에 지금의 모양과 비슷해졌다. 제초 기능과 작물 재배 및 수확에도 필요한 다목적 농기구가 된 것이다. 호미의 뾰족한 날은 모종과 잡초 제거, 뿌리채소 캐기에 적합하다. 길게 비스듬히 경사진 날은

호미를 만들 때 가장 중요한 것은 날이 휘는 각도다. 땅에 박히는 부분은 날렵하고 가벼워 손에 무리를 주지 않되, 날과 자루를 연결하는 슴베 부분은 휘거나 쉽게 부러지지 않는 굵기와 강도를 지녀야 한다. 장인은 쇳덩이를 불 속에 넣었다가 빼내 망치로 두드리는 쇠 메질을 반복하며 호미 날의 형태와 각도를 세심하게 잡아간다.

흙을 뒤집고 돋워 일구거나 작물 사이를 긁는 데 아주 유용하다. 완만한 모양의 호미 귀나 목 뒷부분은 작은 흙덩이를 부수는 데 쓴다. 호미는 이런 다양한 기능을 수행할 수 있도록 끝이 뾰족하면서 완만해 보이는 삼각형으로 만들었다. 호미의 목은 손잡이에 준 힘이 날에 집중되도록 손잡이와 날 사이에 적당한 길이와 무게감을 갖춘 가느다란 형태를 띠고 있다. 호미 중에서도 자루가 긴 유형은 세계 여러 지역에서 발견되는 농구다. 하지만 자루가 짧은 한국 호미는 어디에서도 찾아볼 수 없는 독창적 농구다. 아마 쭈그려 앉아 제초하는 방식과 관련이 있을 것으로 추측하며, 채소 재배에도 적합하다.

조선 시대 농서에서는 호미의 중요성을 이렇게 강조한다. "호미 끝에서 100개의 알곡이 생겨난다." "농가의 일은 오로지 호미질에 달려 있다." "한 해의 주리고 배부름이 호미질에 달려 있으니 호미질을 어찌 게을리할 수 있으랴." 여름철 고온 다습한 기후에서는 끊임없이 자라는 잡초와의 전쟁이 벌어진다. 제초를 소홀히 할 경우 수확량이 감소하면서 가계는 가난을, 국가는 재정의 어려움을 맞이할 수 있다. 김매는 작업이 그만큼 중요하고, 농기구에서 호미의 가치도 그만큼 높다. 호미는 잡초 제거뿐 아니라 흙을 파고 씨앗을 심어 돋우는 데, 또 나물을 캐는 데 사용한다.

호미는 전형적인 여성의 연장이다. 농업이 기간산업이던 한국 전통 사회에서 가난과 기근은 상수였다. 그런 가운데 한 톨의 곡식이라도 더 얻기 위한 호미질은 여성의 고통과 인내의 상징이었으며, 잡초의 왕성하고 끈질긴 생명력과의 투쟁이었다. 시인 유용주는 시 '호미'에서 다음과 같이 그의 어머니를 그렸다. "굳은살 멍에 자국이다/ 닳고 닳은 무릎 연골이다/ 끝내 하늘 대못에 박혀 숨넘어간 울 어머니다." 한국 여성의 이런 고단한 삶이 호미에 담겨 있으며, 그것이 호미의 역사다.

한국전쟁 후 한반도 남쪽 김해 봉화산 정상에 불교 신도들이 뜻을 모아 호미를 든 관음보살상을 세웠다. 관음보살은 고통 속에 신음하는 중생을 구원하는 보살로, 들고 있는 정병과 버들가지는 중생 치유를 상징한다. 이런 관음보살에게 호미를 들려 어머니와 같은 여성성을 부여했다. 이는 노동의 의미와 마음의 잡초를 제거한다는 두 가지 의미를 지닌다. 나아가 극심한 노동의 고통과 마음의 수행이 둘이 아니라 하나임을 말하고 있다. 또한 호미를 통해 한국 전통 사회 여성의 육체적 고통이 정신적 수행으로 승화되었음을 표현했다.

석노기

대장간 호미 장인

"최고의 가드닝 도구!" "소박한 구조지만 기능적이다." "날의 각도와 날카로움이 잡초를 파내기에 적합하다. 씨앗을 심고 흙을 숨 쉬게 하는 고랑을 만들어준다." 이는 아마존닷컴에서 한국산 호미를 추천하는 다양한 평이다. 주인공은 1976년 경북 영주에 문을 연 영주대장간의 호미로, 석노기 장인이 만든 것이다. 용도에 맞게 만드는 호미의 제작 과정은 대략 이러하다. 일명 판 스프링(차량용 스프링)이라 부르는 쇳덩이로 호미를 만드는데, 가장 먼저 원하는 호미 크기에 맞춰 사각형으로 자른다. 이것을 가마 불 속에 넣었다가 빼내 두드리고, 다시 불 속에 넣었다가 빼내 두드리는 쇠 메질 과정을 여러 번 반복한다. 초벌 메질을 제외하곤 쇳덩이를 가마 불 속에 넣었다가 꺼내 망치로 두드리며 날을 벼리는 작업을 손수 하기 때문에 여간 손이 많이 가는 것이 아니지만, 기계의 힘을 빌리지 않는 데는 이유가 있다. 날이 휘어지는 각도가 그만큼 중요하기 때문이다. 일반적으로 가장 많이 쓰는 밭호미는 작물을 캐거나 흙을 파고 정원을 가꾸는 용도로 주로 쓰는데, 날이 날카롭고 각도가 30° 정도로 가파르면서도 부드럽게 휘어야 작업하기 좋고 튼튼하다. 쇠 메질을 하면서 사람 손으로 일일이 정교하게 다뤄야 모양을 제대로 잡을 수 있으며, 형태가 잡히면 겉면을 매끈하게 만든 뒤 나무 손잡이를 끼운다.

이 과정을 모두 거치면 한국 전통 방식으로 만든 호미 한 자루가 완성된다. 손이 많이 가는 만큼 하루 생산량은 고작 60자루 정도다. 석노기 장인은 성실·근면함과 탁월한 재능으로 2018년 '경상북도 최고장인'으로 선정되었으며, 2008년 화마로 숭례문이 훼손되었을 때 나무에 박는 대못을 제작해 국보 제1호 복원에 재능을 보태기도 했다.

나무 열매,
따다

한국인과 함께 산 나무 열매

글·강판권(계명대학교 사학과 교수)

축령백림이라 부를 정도로 잣나무가
울창한 가평 축령산 아래 영양잣마을.
가을이면 높이 30m의 잣나무에
긴 장대를 들고 올라가 잣을 딴다.

잘 썩지 않는 대추는 제사상에 올려 조상을
향한 후손의 마음을 표현한다. 또한 자손의
번성을 상징한다. 전통 혼례상이나 제사상에
대추를 올리는 이유가 여기에 있다.
사람으로 태어났으면 대추처럼 자식을
많이 낳고 가라는 의미다.

기후와 토양은 나무 종류와 특징을 결정 짓는다. 한반도는 겨울철에는 춥고 건조한 반면, 여름철에는 고온 다습해서 계절 변화가 아주 뚜렷하다. 아울러 남북으로 긴 형상이라 지역 간 기후 차이가 분명하다. 따라서 위도에 따라 난대림, 온대림, 냉대림 등 다양한 식물이 분포한다. 그중에서도 상수리나무와 밤나무를 비롯한 참나무류, 잣나무를 비롯한 소나무류, 대추나무를 비롯한 갈매나무류, 호두나무를 비롯한 가래나무류 등의 열매는 선사시대부터 지금까지 한민족에게 각별한 음식 재료로 자리매김하고 있다. 사계절이 뚜렷한 한반도에 살고 있는 나무 열매는 세계에서 가장 우수한 음식 재료이자 한민족이 어려울 때 목숨을 구해준 구황 식품이기 때문이다. 한국의 음식이 다양하고 맛깔난 것도, 한국인이 특유의 얼굴과 심성을 지닌 것도 한반도의 나무 덕분이다. 한 그루의 나무와 열매는 인간의 정체성을 만든다. 인간은 곧 자연을 본받기 때문이다.

목숨을 구해준 도토리

도토리는 상수리나무, 굴참나무, 떡갈나무, 신갈나무, 갈참나무, 졸참나무 등의 열매를 뜻한다. 그중에서도 열매가 가장 큰 상수리나무를 참나무 혹은 도토리나무라고 부른다. 도토리는 '돼지가 먹는 밤'에서 유래한 말이다. 옛날에는 돼지를 '돝'이라 했는데, 도토리는 여기서 파생한 단어다.

탄수화물을 많이 함유한 도토리는 먹을 것이 부족할 때 목숨을 구해준 구황식물 중에서도 독보적인 나무 열매다. 상수리나무와 도토리는 충남 공주 석장리의 구석기시대 유적지와 경남 김해의 신석기시대 유적지 등 한반도의 고대 유적지에서 나무 관련 유물 중 가장 많이 발굴되었다. 도토리를 구황식물로 사용한 예는 조선 시대의 <승정원일기承政院日記> <조선왕조실록朝鮮王朝實錄> <한국문집총간韓國文集叢刊> 등 여러 문헌에서도 어렵지 않게 확인할 수 있다. 고려 시대와 조선 시대 왕들은 도토리가 흉년 때 백성의 목숨을 구하는 데 큰 역할을 한다는 사실을 잘 알고 있었다. 조선 시대 안정복의 <동사강목東史綱目>에 따르면, 고려 충렬왕은 흉년이 들어 백성이 굶주리는 것을 알고 반찬을 줄였으며, 궁중 주방에서 도토리를 가져오게 해 맛을 보았다고 한다. 또 여러 도의 안렴사按廉使①들에게 눈물까지 흘리면서 백성을 다스리는 문제에 대해 말한 뒤 음식을 먹여 보냈다고 한다. 조선의 왕들은 도토리 생산량을 늘리기 위해 씨앗 심기를 장려하기도 했다. 제22대 왕 정조 임금의 경우 도토리를 파종한

자들에게 돈을 지급하기도 했다. 이처럼 국가 차원에서 도토리를 생산한 것은 1554년(명종 9년)에 편찬한 <구황촬요救荒撮要>에도 기록되어 있다.

경북 울진군 수산리 천연기념물 제96호, 경북 안동시 대곡리 천연기념물 제288호, 서울시 관악구 신림동 천연기념물 제271호 등의 굴참나무와 경북 영주시 병산리 천연기념물 제285호 갈참나무는 한국인이 도토리를 얼마나 중시했는지를 증명하는 신령스러운 나무, 즉 신목神木이다. 상수리나무를 의미하는 한자는 상橡과 역櫟이다. '역'자는 중국 전국시대의 철학서 <장자莊子>에 등장하는 '역사수櫟社樹'와 관련 있으며 자신을 낮추는 '겸양'의 의미로 사용되었다. 역사수는 '땅의 신을 모시는 상수리나무'를 뜻하는데, <장자>에서 장석이라는 대목장이 이 역사수를 "쓸모없는 나무"라고 폄하하는 내용이 나온다. 고려 시대 이제현은 자신의 호를 '보잘것없는 사람'이라는 의미의 '역옹櫟翁'이라 짓고 <역옹패설櫟翁稗說>을 짓기도 했다.

대한민국 대표 나무 열매, 잣

잣나무의 열매인 잣은 잣나무의 학명(*Pinus koraiensis* Siebold & Zucc.)에 한국의 원산지를 표기할 만큼 한국을 대표하는 나무 열매다. 조선 후기 이옥의 <이옥전집李鈺全集>에 잣은 '실백實栢' 또는 '피백皮栢'이라 기록되어 있다. 중국 북송 시대 도곡陶谷은 <청이록清異錄>에서 옥각향玉角香, 중당조重堂棗, 어가장御家長, 용아자龍牙子 등 다양한 신라의 잣을 소개했는데, 그중에서도 옥각향이 가장 뛰어나다고 언급했다. 잣은 한문으로 '해송자海松子'라고 하는데 중국 명나라 시대 이시진李時珍은 <본초강목本草綱目>에서 해송자를 "신라송자新羅松子"라 칭하며 "신라의 잣은 감미롭고 따뜻하며, 먹으면 강한 향기가 풍긴다"라고 했다. 도교의 수련자들은 모두 해송자를 먹었으며, 조선 시대 왕이나 세자 등은 거의 매일 잣을 먹었다. 잣나무의 영어 이름이 '코리안 파인 Korean pine'인 것만 봐도 한국 잣의 위상을 알 수 있다.

애증의 밤

밤나무와 밤은 중국 한대漢代 혹은 서진西晉 시대의 낙랑고분과 경남 창원시 의창구 다호리의 가야고분에서도 출토될 정도로 오래전부터 한국인의 삶에

서 중요한 역할을 담당했다. <삼국지三國志> '위지 동이전'에 "동이한국東夷韓
國에서 배처럼 큰 밤이 생산된다"라고 기록되어 있는 점으로 보아 한반도에서
일찍부터 밤을 생산한 사실을 알 수 있다. 특히 밤나무와 밤은 조상의 제사와 밀
접한 관계가 있기에 국가에서도 소중하게 생각했다. 한국인이 밤나무를 소중
하게 생각한 가장 큰 이유는 조상을 모시는 사당의 위패나 조상을 모시는 데 필
요한 기구의 재료로 밤나무를 썼기 때문이다. 이는 <논어論語> '팔일'에서 주나
라가 토지신을 모시는 사당에 밤나무를 심은 데서 유래한다. 주나라에서 사당
에 밤나무를 심은 것은 밤의 한자 '율栗'이 '전율戰慄'을 의미해 이를 통해 백성
에게 두려움을 주기 위해서였다. 전율은 가시가 빽빽이 돋은 밤송이 모습에서
파생된 단어다.

조선 시대에는 조정에서 종묘에 사용할 밤나무를 곳곳에 심게 했고, 그
지역 백성에게 이를 지키도록 했다. 이 같은 정책은 백성의 삶을 힘들게 했다.
조선 후기 정약용의 <경세유표經世遺表>에 따르면, 17세기 조선의 백성은 밤
나무를 원수처럼 여겨 불태우기도 했다고 한다. 그러나 조선 시대 밤나무 생산
정책은 흔들림 없이 추진되었다. 그 증거 중 하나가 '율목봉산栗木封山'이다. 임
금의 관이나 병선을 만들기 위해 소나무 벌채를 금지한 황장봉산黃腸封山처럼
밤나무를 생산하기 위해 벌채를 금지한 정책이다. 조선 시대 밤나무 관리를 담
당한 관청은 봉상시奉常寺②였다.

절개와 다산의 상징, 대추

대추나무의 열매인 대추는 한자 '대조大棗'에서 유래한 것으로 '아주 큰 열매'를
뜻한다. 중국 최초의 사전 <이아爾雅>에는 11종이나 되는 대조가 소개되어 있
으며, 지금의 중국 허둥(河東) 이스현(猗氏縣)에서 생산되었다는 기록이 있다.
대추나무는 꽃이 6~7월경에 피는 탓에 발걸음이 느릿느릿한 양반에 빗대 '양
반나무'라고도 불렸다. 대추는 한 그루에 많은 양이 열리기 때문에 농업 사회에
서는 다산多産을 상징하는 열매로 여겨 제사에 올렸다. 그래서 대추가 많이 열
릴 수 있도록 '대추나무 시집보내기'를 하기도 했다. 이 같은 풍속은 중국 명나
라 시대의 식물 백과사전 <군방보群芳譜>에도 실려 있다. 해마다 정월에 대추
나무를 두들기거나 갈라진 줄기에 돌을 끼워 대추나무를 시집보냈다. 한국에
서 자란 대추나무에 이 같은 흔적이 남아 있는 것을 지금도 확인할 수 있다.

원산지가 유럽인 호두는 요즘 한국인도
즐기는 견과류다.

조선 시대에는 나라에서 불을 채취해 지방에 내려보내 묵은 불씨를 새 불로 교체하는 행사가 열렸는데 이를 개화령改火令이라 부른다. 이는 중국 주나라의 예에 따른 것으로, 계절마다 나무를 바꿔 불씨를 얻었다. 조선 조정에서는 여름의 개화령 나무로 대추나무를 사용했다. 대추나무는 줄기에 가시가 많아 사악한 기운을 없애는 나무로 인식했다. 대추의 씨앗인 인仁과 대추 가시를 늘 먹으면 100가지 간사한 짓을 두 번 다시 저지르지 않는다고도 생각했다. 다른 열매들은 익으면 곧 썩지만 대추는 붉게 익은 뒤에도 아주 오랫동안 썩지 않는다. 썩지 않는 붉은 대추는 조상을 향한 후손의 한결같은 마음과 자손 번성을 상징한다. 이것이 바로 제사와 혼례 음식으로 대추를 올리는 이유다.

겉은 강하고 속은 부드러운 호두

호두나무의 열매인 호두는 호도胡桃의 순우리말이다. 여기서 '호胡'는 중국이 주로 서역에서 수입한 식물에 붙이는 접두어다. 중국 진나라 장화張華의 저서 <박물지博物志>에 따르면, 호두는 장건張騫이 서역에서 석류, 포도 등과 함께 가져온 것이다. 그리고 호도의 '도桃'는 나무의 열매가 복숭아를 닮아서 붙인 이름이다. 한국의 호두나무는 고려 후기 유청신이 중국 원나라에서 씨와 묘목을 가져와 심은 충남 천안시 광덕사의 천연기념물 제398호 호두나무에서 유래한다. 그런 까닭에 광덕사 주변 지역은 한국의 최대 호두 생산지로, 호두과자가 천안의 특산물로 유명한 것도 이와 관련이 있다.

호두는 예나 지금이나 한국인이 즐겨 먹는 견과다. 조선 시대의 왕과 세자들도 다르지 않았다. 그들은 거의 매일 호두를 먹었는데, 맛 좋고 몸에 이로워서이기도 하지만 속과 겉이 사뭇 다른 호두가 지니는 의미가 남달랐기 때문이기도 하다. 호두는 외과피인 연두 빛깔 청피 안에 단단한 내과피인 갈색 알이 있고, 그것을 깨뜨려야 비로소 두뇌 모양의 고소한 알맹이가 나온다.

매월당 김시습은 '호도'라는 시에서 겉은 강하고 속은 부드러운 외강내유外剛內柔의 호두를 옛 성현에 비유했다. 조선 시대 조영석은 한국에서도 보기 드물게 '호도수기胡桃樹記'를 지었다. 이 작품은 조영석의 형인 조영복이 심은 호두나무에 대한 기록이다. 이 호두나무는 조영석이 기로소耆老所③에 들어가자 숙종이 하사한 것이다.

제사상과 잔칫상엔 늘 대추, 밤, 감, 잣

글 · 정종수(전 국립고궁박물관장)

① 물건 등을 만드는 사람을 낮추어 부르는 말.

대추, 밤, 감, 잣은 사람이 태어나 성장해서 짝을 만나 결혼하고 죽은 후까지 한국인의 통과의례에 등장하는 각별한 나무 열매다. 한국인의 관습 속에 뿌리 깊게 자리 잡으며, 오늘날에도 어김없이 심신에 영향을 미친다.

옛날 한양 남산 밑 묵적골의 두어 칸 오두막집에 매양 책만 읽는 선비 허 생원이 살았다. 10년간 책 읽기만 좋아하는 남편을 대신해 아내는 남의 집 삯바느질로 입에 겨우 풀칠을 했다. 하루는 허 생원의 처가 몹시 배도 고프고 화가 나 울음 섞인 소리로 물었다.

"당신은 평생 과거를 보지도 않을 건데 글은 읽어 무엇 합니까?" "나는 아직 독서의 도를 깨우치지 못했소." "그럼 장인바치① 일이라도 못 하시나요?" "그런 일은 본래 배우지 않았는데 어떻게 하겠소." "그럼 장사는 못 하시나요?" "장사는 밑천이 없는 걸 어떻게 하겠소." 그러자 허 생원의 처는 벌컥 화를 내며 말했다. "밤낮으로 글을 읽더니 기껏 '어떻게 하겠소' 소리만 배웠단 말씀이오? 장인바치도 못 한다, 장사도 못 한다 하시는데, 그럼 도둑질도 못 하시나요?" 화내는 아내의 말에 허 생원은 읽던 책을 덮고 "아깝다. 내가 당초 글 읽기로 10년을 기약했건만, 이제 7년인걸" 하고 탄식하면서 밖으로 나가버렸다.

허 생원은 수소문 끝에 서울에서 가장 부자로 소문난 변씨 집을 찾아가 정중하게 청했다. "내가 가난해서 무얼 좀 해보려고 하니, 만 냥만 빌려주시오." 변 부자는 허 생원의 행색이 초라하고 남루하기 그지없는 데다 누군지도 모르지만 범상치 않은 인물임을 알고는 묻지도 따지지도 않고 그 자리에서 만 냥을 선뜻 내주었다. 허 생원은 그 돈을 가지고 바로 안성으로 내려갔다. 안성은 충청도, 경상도, 전라도에서 모여드는 교통 요지인지라 한양으로 가려면 모두 이곳을 거쳐야 했다. 거기서 허 생원은 잔치와 제사에 필요한 대추, 밤, 감, 배, 잣을 모조리 두 배 값에 사들였다. 허 생원이 과일을 몽땅 쓸어 모아 사들였기 때문에 한양에서는 과일이 없어 잔치나 제사를 못 지낼 형편에 이르렀다. 얼마 안 가서 허 생원에게 두 배 값에 과일을 팔았던 상인들이 도리어 열 배를 주고 사 가기 시작했고, 결국 그는 큰돈을 벌었다.

이 이야기는 조선 후기의 실학자 연암 박지원이 1790년 전후에 쓴 <허생전許生傳>에 나오는 대목이다. 글에 나오는 대추, 밤, 감은 삼색실과三色實果로, 잔치나 제사 때 상에 반드시 올리는 중요한 과일이다. 아무리 잘 차린 제사

② 제사상이나 차례상을 차릴 때
상 왼쪽부터 대추(조棗), 밤(율栗),
배(이梨), 감(시柿) 순서로 놓는다.
③ 제사상이나 차례상에서 붉은 과일은
동쪽, 흰 과일은 서쪽에 둔다.
④ 죽은 사람의 이름과 죽은 날짜를 적은
나무패. 위패와 신주는 같은 의미다.

폐백 음식은 한국 전통 혼례 의식 가운데
하나로, 신부가 시부모께 큰절을
하고 인사드릴 때 상 위에 놓는 음식을
가리킨다. 주로 대추나 포 따위를
올리며, 대추는 차곡차곡 쌓아 고임으로
준비하기도 한다. 이때 밤을 같이 얹기도
한다. 대추고임 위에는 잣솔을 장식했다.
아래 구절판에 담은 안주와 다식은 맨
위부터 시계 방향으로 오미자정과,
새우포, 생란, 호두강정, 잣솔, 하설다식,
율란, 육포이며 가운데는 금귤정과다.
폐백음식 제작·노영옥
(무궁화식품연구소장,
전통 병과 전문가)

상이라 해도 셋 중 하나가 빠지면 그 제사는 무효라고 할 정도로 없어서는 안 되는 것들이다. 요즈음으로 치면 허생원은 이를 미리 알고 매점매석買占賣惜을 한 것이나 다름없다.

제사상 차림의 예법인 조율이시棗栗梨柿②든 홍동백서紅東白西③든 대추, 밤, 감 세 가지 실과는 아무리 간소한 제사나 고사라 할지라도 제사상 맨 앞줄에 반드시 올린다. 그 까닭은 무엇일까?

대추나무 열매처럼 자식 많이 낳고 가기를

먼저 대추는 암수가 한 몸이고, 한 나무에 가지가 부러질 정도로 다닥다닥 열린다. 그뿐만 아니라 다른 나무와 달리 꽃 한 송이가 피면 반드시 열매 하나를 맺고 떨어진다. 아무리 폭풍이 불고 비바람이 몰아치더라도 꽃으로만 피었다가 꽃으로만 지는 법이 없다. 이는 사람으로 태어났으면 대추처럼 반드시 결혼해 자식을 낳고 가라는 뜻과 통한다. 그것도 대추나무 열매처럼 많이 낳아야 한다는 말이다. 제사상 첫머리에 대추를 놓는 것은 바로 순수한 혈통의 자손 번성을 상징하고 기원하는 의미다.

씨밤처럼 조상과 자손이 이어지기를

그럼, 밤은 왜 올릴까? 대부분의 식물은 싹이 나면 싹을 낸 최초의 씨앗은 사라져버린다. 하지만 땅속에서 새싹을 틔운 최초의 씨밤은 그 나무가 크게 자라도 땅속에서 썩지 않고 생밤인 채로 달려 있다가 밤 열매가 열리고 난 후에야 썩는다. 밤의 이런 묘한 생리 때문에 한국인은 밤을 자손과 조상을 연결하는 상징으로 여겼다. 즉 자손이 수백 대를 내려가도 언제나 조상과 함께 연결되는 밤나무처럼 자신의 조상을 잊지 말라는 뜻에서 제사상에 밤을 올렸다. 조상을 모시는 위패④나 신주를 밤나무로 깎아 만드는 이유도 밤의 이 같은 상징성 때문이다.

또한 유아기에는 부모가 밤송이처럼 감싸다가 성장하면 "품 안에서 나가 살아라" 하듯이 익은 밤송이처럼 열려 독립된 생활을 하게 만든다는 의미를 지닌다. 그리고 밤의 한자어인 율栗을 풀어 쓰면 서西와 목木인데, 서는 오행으로 볼 때 금金이며 백색이고, 계절상으로 가을철의 풍요를 상징한다.

감나무로 태어났다고 모두 감나무가 되는 건 아니다

콩 심은 데 콩 나고, 팥 심은 데 팥나는 것이 세상 이치다. 그러나 감은 그렇지 않다. 감 씨앗을 심으면 감나무가 나지 않고, 이상하게도 고욤나무가 나온다. 감씨앗을 심기만 해서는 고욤이 열리지 감은 열리지 않는다. 감나무를 만들려면 3~4년쯤 된 고욤나무에 감나무를 접붙여야 한다. 그래야 감나무가 나고 비로소 감 열매를 맺기 시작한다. 고욤나무에 감나무를 접붙여야만 감이 열리는 것은 사람으로 태어났다고 다 사람이 되는 것이 아니라 가르침을 받고 배워야 비로소 사람이 된다는 뜻과 통한다. 칼로 생가지를 째서 접붙일 때 아픔이 따르듯, 사람도 교육이란 고통과 아픔을 겪고 이겨내야만 하나의 진정한 인격체로 살 수 있다는 것을 의미한다.

또 한 번도 열매가 열리지 않은 감나무를 베어보면 속에 검은 신娠이 없지만, 감이 열린 나무에는 검은 신이 있다. 여기에는 부모가 자식을 낳고 키우는 데 그만큼 속이 상한다는 뜻이 담겨 있다. 그래서 제사상 첫 줄에는 꼭 감을 올리는 것이다. 이렇듯 한국인은 제물 하나를 차리는 데에도 상징성을 부여하고 자손에 대한 가르침을 염두에 두었다.

잔칫상에 웬 대추, 밤, 잣?

신부가 혼례를 마치고 시부모께 첫인사를 드리는 폐백에도 대추, 밤 등 나무 열매를 쓴다. 신부는 친정에서 장만해 온 대추·밤·육포·닭·엿 등으로 폐백상을 차려 시부모께 올리는데, 신부가 상 앞에서 큰절을 하고 나면 시부모는 덕담과 함께 대추나 밤 몇 알을 며느리 치마 위로 던져준다. 대추는 예로부터 신선의 선물로 '장수'를 뜻하며, 며느리에게 아들 낳기를 바라는 뜻이 담겨 있다. 또 대추는 씨가 하나로 된 통씨앗이어서 '절개'를 의미하기도 한다. 밤은 까느라 정신이 없으라는 것이고, 엿은 입을 다물라는 뜻이다. 시어머니가 육포를 어루만지는 것은 신부의 흉허물을 덮는다는 의미다. 대추는 아이 첫돌을 축하하는 돌상에도 올린다. 아이가 대추를 잡으면 대추처럼 단단하고 건강하게 자라 훗날 자손이 번성하리라 여겼다. 60년 만에 맞는 생일을 축하하는 회갑상에는 대추, 밤, 감 등 삼색실과와 잣을 높이 고여 쌓아 가장 앞줄에 차린다.

한국인은 잣을 주로 생식하거나 잣죽, 잣즙, 잣가루강정을 만들어 먹고, 각종 음식에 고명으로도 쓴다. 조선의 명의 허준은 <동의보감東醫寶鑑>에서

"잣은 어지럼증과 변비를 치료하며, 피부를 윤택하게 하고, 오장을 건강하게 해 허약해진 몸을 보한다"라고 기록했다. 그뿐 아니라 "수명을 연장시키는 효능이 있다"라고까지 했으니, 잣에 대한 신뢰가 놀라울 정도다. 한국인은 잣불로 한 해의 운수를 점치기도 했다. 음력 정월 14일 밤에 깐 잣 12개를 각각 바늘로 꿰어 열두 달에 맞춰 벌려놓고 불을 붙여 불이 밝은 달은 신수가 좋고 어두운 달은 신수가 나쁘다고 여겼다. 정월 초하룻날 그해의 액운을 물리치기 위해 잣나무잎으로 담근 술을 마시기도 했다.

대추, 밤, 감, 잣 등 한민족과 함께 살아온 나무 열매는 오랜 세월 켜를 쌓으며 관습 속에 깊이 자리 잡았다. 그리고 오늘날에도 한국인의 심신에 영향력을 미치는 식재료로서 그 상징성은 여전히 유효하다.

곡물로 묵 쑤어 먹는 민족이 어디 또 있나

글 · 정혜경(호서대학교 식품영양학과 교수)

도토리묵은 곱게 간 도토리 가루를 물에 담가 떫은맛을 우려낸 후, 앙금만 모아 끓인 다음 식혀서 굳혀 만든다. 갖은 채소와 함께 새콤달콤한 양념에 버무리면 도토리 특유의 쌉쌀한 맛이 입맛을 돋운다.

서양에 동물성 단백질인 젤라틴을 굳힌 젤리가 있다면, 한국에는 식물성 전분을 굳힌 묵이 있다. 두 가지 다 부드러운 식감을 최고로 치는 음식이다. 한국인은 오래전부터 곡물이나 열매에서 얻은 전분으로 묵을 만들었다. 묵은 곡식이나 열매를 맷돌에 갈아 물을 부어 앙금을 가라앉히고, 다시 물과 섞은 뒤 풀 쑤듯 쑤어 굳힌 음식이다. 밤, 메밀, 녹두 등을 묵으로 쒀 먹으며 옥수수, 고구마 등도 종종 쓴다. 묵은 전분이 주성분이어서 특별한 맛은 없지만, 향과 질감이 독특해 채소 음식에 부재료로 넣거나 갖은양념에 무쳐서 양념 맛으로 먹는다.

동물 먹이에서 얻은 놀라운 음식

묵 중에서도 도토리묵은 아주 특별하다. 다른 나라에서는 다람쥐나 돼지 사료로 사용해온 도토리로 한민족은 최고의 묵을 발명해냈다. 도토리묵을 먹기 시작한 시기에 대해서는 명확한 기록이 없다. 서울 강동구 암사동과 경기도 광주의 미사리, 황해도 봉산의 지탑리 유적 등에서 빗살무늬토기와 함께 잡곡류와 도토리, 밤이 발견되었다. 주로 끓여서 죽으로 먹는 등 화식火食을 한 것으로 보인다. 그 시기는 곡물을 가루로 가는 연석이 있던 선사시대(구석기·신석기)까지 거슬러 올라간다. 특히 도토리는 수렵·채집 시대부터 식용으로 이용하다가 조선 시대부터는 묵으로 만들어 먹은 것으로 추측한다.

도토리는 조선 시대로 오면서 구황식으로 한층 더 중요한 식재료가 되었다. 흉년에 끼니를 이어주던 중요한 구황 식품이어서 옛날 수령들은 고을에 새로 부임하면 맨 먼저 떡갈나무를 심어 기근에 대비했다고 한다. 조선 19대 임금 숙종은 을해년(1695)에 심한 흉년이 들자 몸소 도토리 스무 말을 보내 "진휼(흉년)을 당한 가난한 백성을 도와주라"라고 명했다는 이야기가 전해진다. 조선 후기 홍만선은 <산림경제>에 "도토리 껍데기를 제거하고 삶아 먹으면 배가 고프지 않다"라고 썼다. 정약용도 <목민심서牧民心書>에서 도토리를 구황 식품으로 소개했다.

한국의 가을 산에서는 도토리를 쉽게 볼 수 있다. 특유의 떫은맛을 내는 성분인 타닌이 소화를 도와 묵으로 먹으면 속이 편안하다.

서유구는 <임원경제지> '정조지'에서 도토리 가루에 멥쌀가루를 넣고 꿀물로 반죽한 뒤 시루에 얹어 찐 도토리떡을 소개했다. 또 "흉년에 산속의 유민들이 도토리를 가루 내어 맑게 걸러내 이것을 쑤어서 청포처럼 묵을 만드는데, 이것은 자색을 띠고 맛도 담담하지만 능히 배고픔을 달랠 수 있다"라고 했다. 조선 후기 실학자 이규경은 <오주연문장전산고五洲衍文長箋散稿>에서 가을에 도토리 껍데기를 벗기고 갈아 체로 거른 후 끓여서 굳히면 두부가 된다고 했다. 이를 '상실포橡實泡'라고 했는데 '도토리두부'라는 의미다. 가늘게 썰어서 장에 찍어 먹으면 산중의 반찬이 되고 간장에 무쳐 먹거나 김칫국에 말아 먹으면 맛이 좋다고 했다. 또 국수나 율무와 함께 섞어 먹는다고 했다. 도토리묵을 맛있게 먹는 방법이 다양했음을 알 수 있다.

도토리묵, 이렇게 만든다

도토리는 별식으로도 발전해왔으니 그중 하나가 도토리묵이다. 도토리묵을 만들 때는 먼저 도토리를 바싹 말린 후 절구에 찧어 껍데기를 까불러서 버리고, 더운물에 담가 떫은맛이 없어질 때까지 3~4일 동안 물을 자주 갈아주며 우려낸다. 그런 다음 곱게 갈아 고운체에 밭쳐 앙금을 가라앉혀 도토리 녹말을 만든다. 이 도토리 녹말을 물에 풀어 하룻밤 정도 두었다가, 고운체에 밭쳐 두꺼운 솥에 붓고 충분히 저은 다음 주걱으로 계속 저어가며 끓인다. 이때 입안에서 겉돌지 않고 차진 식감의 도토리묵을 만들려면 한 방향으로만 저어야 한다. 색깔이 투명해지면 소금과 식용유를 넣어 고루 저으면서 다시 한번 끓여 1시간 정도 뜸을 들인다. 이렇게 쑨 묵은 적당한 크기의 용기에 담아 굳힌 후 식으면 꺼내 먹기 좋게 썰어서 양념장을 곁들여 먹는다. 도토리묵으로는 묵무침 외에도 묵사발, 묵볶음, 묵장아찌나 묵전유어까지 다양하게 만들어 먹을 수 있다.

도토리묵은 떫으면서도 은근하게 부드러운 맛이 입에 남아 식욕을 돋운다. 수분 함량이 높고 포만감을 주지만 칼로리가 낮아서 비만인 사람에게 좋다. 도토리 속의 타닌은 떫은맛을 내어 한꺼번에 많이 먹기는 힘들다. 그러나 타닌은 항산화작용을 하는 성분이 풍부하며 당뇨 환자에게도 좋다. 실제로도 도토리묵은 쉽게 상하지 않아 예전에는 먼 길을 떠날 때 가지고 가기도 했다고 전해진다.

해조류,
뜯다

바다에서 온 생명이니 바다풀을 먹지

글 · 김준(국제슬로푸드한국협회 슬로피시 위원장)

제주 해녀는 물질 기술과 공동체 문화 양식을 인정받아
유네스코 인류무형문화유산에 등재되었다.
해녀는 산소 공급 장치 없이 바다에 들어가
수산물을 채취하는 것을 업으로 삼는 사람을 뜻한다.
인류가 바다에서 먹을 것을 구하기 시작한 원시 산업 시대를
해녀의 기원으로 본다. 해녀는 한국과 일본에만 있는 직종이다.

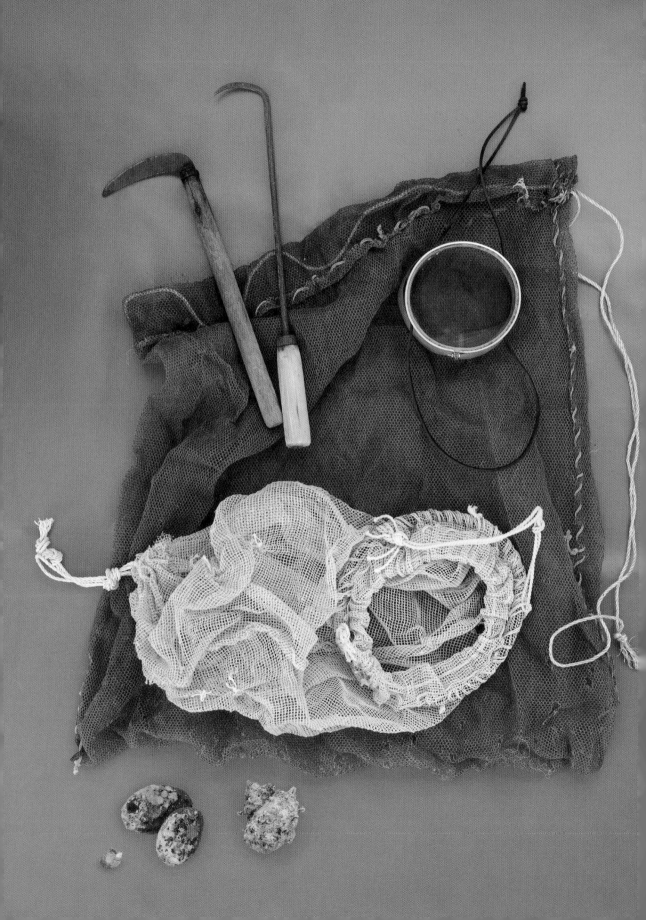

톳이나 미역 등을 채취하는 종개 호미,
조개 등을 캐는 쇠꼬챙이 호미, 외눈 수경,
해산물을 넣어두는 망사리 등 해녀의
물질 도구. 제주 해녀들은 우뭇가사리나
미역을 채취하기 위해 함경도와 황해도는
물론, 일본, 러시아까지 진출하기도 했다.

찬 바람이 불어 김장을 위해 남겨둔 배추와 무를 뽑고 나면 대지는 오롯이 자신만을 위한 깊고 푸른 겨울잠을 잔다. 이때부터 바지런을 떨어야 하는 것은 바다다. 뭍의 채소가 절임으로 밥상에 오르는 동안 날것 맛은 이제 바다 채소의 몫이다. 갯벌에서 뜯어낸 파래를 시작으로 갯바위의 김과 톳 그리고 해녀들이 건져 올린 미역이 그 역할을 맡는다. 산과 들에 푸른 채소와 산야초가 돋아날 때까지 갯벌과 갯바위와 바다가 갯밭이 된다.

한국인의 밥상에 오르는 해조류는 갯벌에서 자라는 감태(가시파래)·매생이·국파래 등의 녹조류, 갯바위에 붙어 자라는 김·꼬시래기·우뭇가사리 등의 홍조류, 조간대 하부에서 수심이 깊은 곳까지 서식하는 미역·모자반·톳·다시마 등의 갈조류가 있다. 파래류는 물이 빠지면 갯벌로 들어가 직접 손으로 뜯는다. 갯바위에 붙어 자라는 홍조류는 조개껍데기나 긁개로 떼어내고, 수심이 깊은 곳에 자라는 미역이나 모자반 등은 해녀들이 직접 물질을 해서 채취한다. 서해나 동해 그리고 남해 곳곳에서 물질을 하는 노인들은 십중팔구 제주 출신 해녀다. 그들은 부산의 기장과 영도, 태안의 모항, 완도의 청산도 등 국내는 물론 일본과 러시아까지 물질을 할 수 있는 곳은 국내외를 가리지 않았다. 1세대가 나이 들면서 딸이나 며느리가 물질을 배워 해녀로 활동하기도 한다. 양식 미역이 등장한 이후에는 미역 대신 전복과 해삼을 채취하고 있다. 하지만 자연산 미역으로 유명한 진도와 통영의 섬에서는 여전히 해녀들이 미역이나 우뭇가사리, 소라 등을 따고 있다. 제주 해녀는 국가무형문화재, 국가중요어업유산, 유네스코 인류무형문화유산 등으로 지정되었다.

겨울 바다의 선물, 김과 미역

어린 시절 나의 할머니는 정월 보름날 아침이면 나물과 오곡밥을 김에 싸서 상을 차렸다. 이 김밥은 복을 가져다준다 해서 '복쌈', 눈을 밝게 하고 수명을 길게 해준다고 해서 '명쌈'이라고도 했다. 설 명절이면 마을 공동체에서 돼지고기와 함께 똑같이 나눠준 것들이다. 아무리 비싸도 김은 빼놓지 않고 구입했다.

김은 <경상도지리지慶尙道地理誌>(1425)에 '해의海衣'로 기록되어 있다. <자산어보玆山魚譜>에서는 김을 '자채紫菜'라 하고 속명은 '짐'이라 했다. 조선 후기 실학자 서유구가 저술한 <임원십육지林園十六志>에는 김 생산지가 34개 군·현으로 기록돼 있다. 바다가 있는 지역에서는 모두 생산했다는 이야

기다. 특히 섬진강, 낙동강, 탐진강, 영산강, 태화강 하구 지역①이 유명했다. 처음에는 싸리나무나 대나무 가지를 다발로 묶어서 갯벌에 꽂아 양식했는데 이를 '섶 양식'이라 했다. 이후 대나무로 기둥을 세우고 그물을 매는 '지주식'으로, 최근에는 부표를 띄우고 많은 그물을 매달아 양식하는 '부류식'으로 발달했다. 생산과정도 초기에는 손으로 직접 채취한 김을 세척하고 김발에 떠서 말리는 것까지 모두 가족의 노동으로 해결하는 가내수공업 형태였다. 옛날 속담에 "김 고장으로 딸 시집보낸 심정이다"라는 말이 있을 정도로 김 생산은 힘든 노동이었다. 지금은 모든 과정이 기계화되었으며, 생산과 가공도 분리되었다. 생산자는 겨울철에 김을 채취해 수협에 판매를 맡기고, 공장에서는 이 김을 가공해 상품으로 만들어 유통하고 있다.

김 양식은 1990년대까지 한반도의 수산양식을 대표했다. 1970년대까지는 '완도김'이 대세였지만, 최근에는 지역 이름을 내건 김이 속속 자리 잡고 있다. 염산을 사용하지 않았다는 것을 강조한 '장흥무산김', 일찍부터 가공 김으로 시장을 선점한 '광천김', 신안의 '갯벌 지주식 김' 등이 유명하다. 이 중 완도김(2010), 장흥김(2011), 신안김·해남김·광천김(이상 2014), 고흥김(2015) 등이 지리적표시②로 등록되었다.

김과 함께 한민족이 가장 즐겨 먹는 해조류가 미역이다. 특히 산후조리를 위해 미역국을 많이 먹었다. 그래서 조혼 풍습이 있던 시절, 시어머니와 며느리가 함께 임신을 하는 집에서는 미역국이 떨어질 날이 없었다고 한다. 그만큼 미역 수요도 많았다. 미역을 이고 조선 팔도로 팔러 다니면 어디를 가도 굶지 않았고, 쌀이며 옷이며 온갖 생필품을 구해서 돌아오곤 했다. 명절에 미역으로 추렴③해서 소나 돼지를 잡고, 미역 철에 미역으로 값을 치렀다. 아이들을 뭍으로 유학 보낼 때 하숙비와 학자금도 미역으로 보냈다. 이렇게 미역은 섬사람들의 화폐였다.

지금은 상품화된 적당한 크기로 가공한 양식 미역이 대세지만, 산모에게는 여전히 꺾지 않은 자연산 긴 미역을 오롯이 선물하는 사람들이 있다. 그래야 아이가 건강하게 오래 산다는 속설 때문이다. 그런 미역으로 진도군 조도면 독거도와 맹골도 미역을 으뜸으로 꼽는다. 특히 돌미역이 유명한데, 가늘고 질기며 거칠어 오래오래 삶아야 한다. 딸이 시집갈 때면 친정어머니가 미리 혼수품으로 넣어주었다고 한다. 미역은 갯바위나 여 (물속에 잠긴 바위)에 뿌리를 붙이고 거친 조류를 이겨내며 자란다. 그래서 가을이나 겨울이면 미역 포자가 잘 붙도록 바위에 있는 잡초를 제거하기도 했다. 또 여름철 바닷물이 많이 빠졌을 때는 미역이 햇볕에 마르지 않도록 물이 들어올 때까지 반복해서 바닷물을 끼얹어주었다. 그야말로 미역 농사다. 미역밭이 논밭처럼 소중하다 보니 관리하는 것도 남달랐다. 지금도 개인 소유의 미역밭이 있는가 하면, 마을에서 공동으로 관리하며 채취해서 똑같이 나누는 미역밭도 있다.

어머니 손맛, 감태와 톳

첫눈 오는 날이면 김이 모락모락 나는 고구마에 시원한 감태지가 생각난다. 전라도에서는 감태김치를 감태지라고 한다. 감태지는 동치미처럼 중독성이 있다. 쌉쌀하고 달콤한 감태지 맛에 길들면 그 맛을 평생 잊지 못한다. 고향의 맛이 그렇다. 더구나 어머니의 손맛이 밴 감태지면 말해 무엇 하랴. 고향을 떠난 자식들이 도시에서 길든 맛을 단번에 정리하는 맛이다. 감태는 매생이보다 굵고 일반 파래보다 가느다랗다. 민물이 들어오는 오염되지 않는 갯벌에서 잘 자란다. 어민들은 감태라 부르고, 도감에는 가시파래라고도 소개되어 있다.

　　김을 양식할 때 김과 붙어 잡초처럼 자라는 파래와 매생이는 어민들에게 '잡태' 취급을 받았다. 농사로 말하면 농약을 쳐서 없애거나 손으로 뽑아야 할 잡초에 해당한다. 소비자가 잡태가 없는 깨끗한 김을 원했기 때문이다. 지금은 파래가 섞인 김을 찾는 사람이 늘었다. 몸에 좋다고 하니 입맛도 바뀐 것이다. 감태는 쌉쌀한 맛 뒤에 따라오는 단맛 덕분에 '감태'라는 이름이 붙었다고 한다. 12월 초순에 나오는 매생이처럼 부드럽고 가는 감태를 '찰감태'라고 하는데, 입안에 착 감긴다. 감태 채취 시기는 12월부터 이듬해 2월 무렵까지이며, 날씨가 따뜻해지면 뻣뻣해져 식감이 떨어지고, 수온이 올라가면 갯벌에서 사라진다. 갯벌 좋은 전남 신안과 무안 그리고 완도의 감태가 유명하다. 감태는 발이 푹푹 빠지는 갯벌을 힘들게 걸어 다니면서 모내기한 밭에서 풀을 매듯 손으로 뜯어야 한다. 갈퀴처럼 만든 도구를 이용하기도 하지만, 손가락보다 더 좋은 도구가 어디 있던가. 그래서 "감태를 맨다"라고 한다. 감태를 매려면 아무리 매

서운 추위에도 갯벌에 엎드려 고둥처럼 기어 다녀야 한다. 감태를 매다 보면 얼굴이 붉어지고 등에 땀이 난다. 채취한 감태는 몇 차례 바닷물에 헹궈서 펄을 제거하고, 흐르는 민물에 다시 씻어야 한다. 주먹만 하게 감아서 냉동실에 보관하며 먹기도 한다.

감태와 달리 톳은 말려서 1년 내내 식재료로 사용하는 해조류다. 보릿고개의 아픔이 있던 시절, 섬에서는 톳이 효자 노릇을 톡톡히 했다. 식량으로 고구마마저 떨어지면 갯가에서 파래와 가사리를 뜯어 찬을 만들고, 갯벌 구멍을 뒤져 게를 잡아 죽을 쑤고, 톳을 뜯어 밥을 지었다. 텁텁하고 깔깔한 맛에 익숙해질 무렵에야 보리가 익어갔다. 톳은 남해 해역과 제주도 바다에서 쉽게 구할 수 있어 일찍부터 구황 식품으로 이름을 올렸다. 자연산 톳 뿌리를 채취해 보관했다가 줄에 꿰어 양식을 한다. 톳 양식은 전남 진도군 조도면 관매도·관사도·혈도나 완도군 청산면 대모도·소모도 일대에서 많이 한다. 봄에는 채취한 톳을 말려 유통하지만, 가을철에는 싱싱한 '나물 톳'을 판매한다. <자산어보>에는 '토의채土衣菜'라 기록되어 있으며, 사슴 꼬리를 닮았다 하여 '녹미채鹿尾菜'라 부르기도 했다. 제주도에서는 '톨'이라 부른다. 강원도에서는 고추장무침을 많이 하지만, 제주도나 전라도에서는 된장무침을 주로 하며, 경남에서는 멸치 젓국을 넣어 무치기도 한다. 제주도에서는 톨무침·톨밥이라 하지만, 전라도에서는 톳나물, 충청도에서는 톳무침이라고 한다. 소금물에 살짝 데친 톳을 두부와 함께 양념해서 버무리는 톳두부무침도 즐겨 먹는다.

이처럼 해조류는 김치나 찬으로 먹는 것은 물론 구황 식품, 조미용 식재료, 식품첨가물 등 다양한 먹거리로 이용해왔다. 그뿐만 아니라 명절 선물이나 산후조리용 선물 등으로 주고받는 특별한 식품이기도 하다. 어촌 경제를 지탱하는 중요한 소득원이며, 마을 축제와 어촌을 유지하는 원동력이기도 하다. 그리고 바다 숲을 이루어 바다와 갯벌 생물의 서식처 역할을 하는 생태 환경 수호자이기도 하다.

해녀 바다의 명장

해녀는 특별한 호흡 장치 없이 맨몸으로 바다에 들어가 미역, 톳, 전복, 성게, 소라 등
해산물을 채취하는 일을 한다. 수심 10~20m 이내의 바다밭에서 오로지 강한 의지로
호흡을 조절하며 물질하는 해녀의 생산 체계를 나잠裸潛 어업이라 하는데, 바다밭은 단순한
채취의 대상이 아니라 서로 도우며 끊임없이 가꾸는 삶의 터전이다. 그 과정에서 얻은 물질
기술과 바다 생태에 관한 지혜를 전승해온 해녀는 바다의 장인이자 생태의 장인으로, 오늘날엔
'여성생태주의자(eco-feminist)'라 부르기도 한다. 해산물 채취를 통해 사회와 가정경제의
주체적 역할을 한 해녀가 물질할 때 사용한 도구로는 테왁, 망사리, 빗창, 갈고리, 소살, 물수건,
물안경 등이 있다. 그마저도 물안경은 20세기에 들어서, 고무로 만든 물옷은 1970년대 초에나
보급되었으니, 예전에는 물소중이(해녀 특유의 속옷)만 걸치고 바다에 온몸을 내어준 채 물질을
했다. 물질 도구를 단출하게 지니고 바다 밑으로 들어가 1분간 숨을 참으며 잠수하다가 물 위로
나오면, 숨이 터지면서 휘파람 부는 것처럼 "호오이" 소리가 나는데, 이를 숨비 소리라 한다. 특히
화산섬이란 특수 조건, 어엿하게 배를 대기 어려운 조건에서 상대적으로 부가가치가 대단히 높은
물질을 주업으로 삼은 제주 해녀는 그야말로 세계 해양사에서 독보적 존재다.
사진가 김형선은 2012년부터 약 3년 동안 물질을 끝낸 후 막 뭍으로 올라온 제주 해녀를 포착해
기록으로 남겼다. 자연을 배제하고 해녀를 부각하기 위해 해변에 흰색 배경 천을 설치한 후
카메라에 오롯이 담았다. 그렇게 수집한 제주 해녀의 지친 얼굴과 몸은 가히 역사적이라 하겠다.
사진에 오렌지색 옷이 많이 등장하는데, 이는 선박 충돌 사고를 막기 위해 제주도에서 지급한
것이다. 물론 여전히 검은색 고무 옷만 고집하는 해녀도 종종 만날 수 있다.

한국인 밥상에 자주 오르는 해조류

미역

겨울부터 봄까지 맛볼 수 있는 생미역은 소금물에 씻은 후 살짝 데쳐 사용하며, 파와 함께 먹는 것은 피한다. 파의 유황 성분이 미역 속 칼슘의 흡수를 방해하기 때문. 이 밖에도 마른미역과 염장미역이 있다.

모자반

제주도에서는 몸, 경상도 지역에서는 몰이라고 부르며, 톡톡 터지는 듯한 식감이 특징이다. 된장에 무쳐 먹거나 국으로 즐기는데, 육류와 함께 끓이면 지방을 흡수하고 잡내를 없애준다.

꼬시래기

꼬불꼬불한 긴 끈처럼 생겨서 붙은 이름이다. 각종 미네랄과 비타민 A를 많이 함유한 대표 해조류로, 혈압을 낮추고 피부를 매그럽게 가꿔준다.

곰피

맛이 약간 쓸쓸하며 쫄깃하다. 겉면이 올록볼록한 것이 특징으로, 항산화 효능이 뛰어나다. 주로 무침이나 쌈으로 즐긴다.

파래

봄부터 여름까지가 제철인 파래는 바다에서 나는 비타민이나 다름없다. 철분 흡수를 돕는 비타민 A와 C가 풍부하며, 무채와 함께 무쳐 먹는다.

다시마

다시마는 '지구상
최초의 풀'이라고 해
초초初草라고도 부른다.
알칼리성식품의 대표
격으로, 겨울이 제철이다.
감칠맛을 내는 다시마는
주로 국물을 우리거나
쌈으로 즐기지만, 양념해
무쳐 먹기도 한다.

매 생 이

'생생한 이끼를 바로
뜬다'는 뜻의 순우리말로,
청정 해역에서 겨울철에
가장 무성하게 자란다.
5대 영양소를 모두
함유한 식물성 고단백
식품으로, 주로 살짝 데쳐서
무침·죽·전·국으로 즐긴다.

감태(가시 파래)

쌉쌀하면서 달콤한 맛에 향이 좋아
이름이 '달짝지근한 이끼'라는 뜻의 감태다.
매생이보다 굵고 파래보다 가늘다. 부드러운
식감이 일품으로, 보통 오이나 무와 함께 무쳐
먹으며, 부침개나 김치로도 즐긴다.

톳

칼슘 함량이 높아 40g이면 하루 칼슘 필요량을
충족할 수 있다. 살짝 데쳐서 초고추장이나
된장으로 무치면 입맛을 돋운다.

세계인을 사로잡은 마른 김

파래김

곱창김

돌김

일반김

김은 종류만 해도 200여 종이 넘는다. 포자(종자)의 종류, 양식 방법, 가공 방법에 따라 다양하다. 한국인에게 익숙한 마른 김은 돌김, 곱창김, 일반김, 파래김으로 구분한다. 마른 김은 오롯이 한 종으로 만들기도, 필요에 따라 섞어서 가공하기도 한다. 또 구이용, 초밥용, 김밥용 등 용도에 따라 두께와 표면 조직이 다르다.

파래김

파래김은 파래와 일반김이 섞인 김이다. 양식할 때 섞이기도 하고 채취한 후 섞어서 가공하기도 한다. 김 양식을 할 때 파래는 잡초 취급을 받지만, 파래김은 독특한 맛과 풍미로 인기가 있다. 보통 파래보다 김이 더 많이 들어가지만 파래 특유의 풍미를 좋아한다면 파래 비율이 높은 것을 고른다. 다른 김에 비해 초록색이 짙은 편이다.

곱창김

원초가 곱창처럼 길고 구불구불해서 이름 붙여진 곱창김의 원 품종은 잇바디돌김이다. 재배 방식이 까다로워 1년 중 10월 말부터 11월 중순까지 한 달 양식해 한두 번 채취한다. 극히 소량 생산하기 때문에 프리미엄 김으로 통한다. 일반 김보다 2~3배 정도 두껍고, 표면이 거친 것이 특징이다.

돌김

돌에 붙어 자라는 김으로 조직이 듬성듬성하고 거칠며 구멍도 많다. 울릉도, 가거도, 흑산도 등 먼 바다에 있는 섬에서는 지금도 뜯어서 직접 만들어 먹는다. 채취량이 적고 시장에 유통되지 않기 때문에 입소문으로 사고판다. 칼슘·철분·칼륨이 많이 함유되어 있으며, 특유의 맛과 향이 강하다. 바삭바삭 씹히는 맛도 좋지만 거칠어서 양식 김에 익숙한 사람은 싫어할 수 있다. 구이용으로 즐긴다.

일반김

양식하기 편리하고 생산성 좋은 개량 품종으로 다양한 김이 양식된다. 겨울철 양식 기간에 4~5회 채취한다. 가장 많이 생산하고 유통되는 김이며, 초기에 채취한 김은 부드럽고 늦게 채취한 김은 거칠다. 같은 종이라도 시기에 따라 조직과 입자가 다르다. 늦게 채취한 김은 거칠고 두꺼워 김밥용으로 많이 이용한다. 또 거친 김과 부드러운 김을 섞어서 사용하기도 한다.

바다 이끼와 함께한 한국인의 일생

글 · 정종수(전 국립고궁박물관장)

거뭇한 빛깔의 진녹색에 길이 100~150cm, 폭 60cm 안팎의 해채海菜. 풀어
쓰면 '바닷속 채소'인 해조류는 다름 아닌 미역이다. '바다에서 나는 띠'라 하여
'해대海帶'라고도 하고, 달콤한 맛이 난다고 해서 '감곽甘藿'이라고도 부른다.

한국과 일본을 제외하고 미역을 먹는 나라는 세계 어디를 둘러봐도 찾기
힘들다. 일본 또한 이 식재료를 식탁에 자주 올리지 않는다. 유럽은 물론 미국
에서도 흐물흐물한 식감 때문인지, 바닷속 잡초라고 여기기 때문인지 그다지
즐기지 않는다. 전 세계 어디를 둘러봐도 한국인만큼 일생 동안 미역을 가까이
하고 많이 먹는 민족은 단연코 없다.

축복의 음식, 미역국

한국인의 몸에는 미역 DNA가 들어 있다고 해도 과언이 아니다. 엄마 배 속에
서부터 미역과 인연을 맺고 태어난다는 이야기다. 한국의 옛날이야기에 '삼신
할미'라는 존재가 자주 등장한다. 한국인은 창조주나 다름없는 삼신할미가 아
기를 점지해주고 태중에서 열 달 동안 잘 키워주었다가 순산을 시킨 후 무탈하
게 길러주고 복을 내려준다고 믿었다. 한마디로 삼신할미는 아기를 태어나게
해주고(날 생生), 생명을 주고(목숨 수壽), 키워주는(기를 육育) 신이다.

1970년대까지만 해도 '없는 아기'를 점지하고, '있는 아이'가 장수하도록
키우는 삼신할미를 집 안 시렁[①] 위에 모신 집이 많았다. 아기가 갓 태어난 날, 삼
일, 첫이레(일주일), 두이레(2주일), 세이레(3주일), 백일, 돌에 쌀과 미역으로
정성껏 삼신三神상을 차려 올려 삼신할미를 위했다. 여기서 미역국은 '태어난
날'인 생일을 상징하는 음식인데, 아이를 낳은 산모가 제일 먼저 먹는 음식이
바로 미역국이고, 해마다 생일에 먹는 음식 또한 미역국이다.

그렇다면 한국의 산모는 예나 지금이나 왜 미역국을 먹는 것일까? 과거
에는 아기를 낳으면 먼저 태를 자르고 산모와 아기를 보호하기 위해 대문에 금
줄을 쳐 외부인의 출입과 부정을 막았다. 그리고 산모에게는 삼신상에 놓았던

① 마루나 방에 긴 나무 2개를 가로질러
그릇이나 물건을 얹어놓는 선반 같은 것.

아이를 점지해주고, 출산 후에는 아이와
산모의 건강을 돌봐주는 삼신에게
올리던 삼신상. 여기에 놓았던 쌀과 미역,
정화수로 첫국밥을 끓여 산모가 먹게
했다.

149

② 1927년 이능화가 지은
<조선여속고朝鮮女俗考>에 "산모가
첫국밥을 먹기 전에 산모방의 남서쪽을
깨끗이 치운 뒤 쌀밥과 미역국을
세 그릇씩 장만해 삼신상을 차려
바쳤는데, 여기에 놓았던 밥과 국을
산모가 모두 먹었다"라고 기록돼 있다.

쌀과 미역을 가져다 밥과 미역국을 끓여주었다.② 이를 '첫국밥'이라 하는데 미역국은 대체로 세이레(21일) 또는 일곱이레(49일)까지 먹는다. 다양한 식재료를 더해 끓이는 요즘과 달리 산모의 첫국밥 미역국은 쇠고기를 넣지 않고 간장과 참기름만 넣어 끓이곤 했다. 궁중에서도 산실청에 금줄을 쳐 잡귀와 부정을 막고, 산후 7일째 아기의 수명장수를 비는 권초례捲草禮를 행했다. 이때 미역국과 흰밥, 백설기를 넉넉히 만들어 산실청 관원들에게 하사했다.

산모에게 미역국을 먹이는 이유는 미역에 요오드가 많이 함유되어 모유 분비에 도움이 되기 때문이다. 또 미역은 지혈을 촉진하고 소화가 잘되어 산모의 건강을 회복하는 데 도움이 되는 식품이다. 조선의 실학자 성호 이익도 <성호사설星湖僿說>에서 "미역국은 임산부에게 신선의 약만큼이나 좋은 음식"이라 했다. 산모 배 속에서 빠져나오지 못한 태반이 미역처럼 쉽게 미끄러져 나오길 바라는 의미로도 산모에게 미역국을 먹였다. 산모가 먹은 음식은 모유를 통해 아이에게 전달되므로 세상에 나온 아이가 처음 맛보는 음식 또한 미역국이다. 한국은 삼면이 바다여서 좋은 미역이 많이 생산되고, 말려서 연중 어느 때나 쓸 수 있는 기후 덕분에 미역을 활용한 음식이 탄생할 수밖에 없었다.

미역국은 대표 성분인 요오드 외에도 식이섬유와 철분·칼슘·아이오딘 등이 풍부해 신진대사를 활발하게 하고, 산후조리와 변비 예방에 탁월해 일찍부터 애용해왔다. 조선 시대 의관 허준은 <동의보감>에서 "해채(미역)는 성질이 차고 맛이 짜며 독이 없다. 열이 나면서 답답한 것을 없애는 효능이 있고, 기가 뭉친 것을 치료하며, 오줌을 잘 나가게 한다"라고 했다.

미역은 한국인에게 먹거리를 뛰어넘는 존재이기도 했다. 한국인은 아기가 삼신에게서 숨을 빌려 태어난다고 여겼고, 임신이 안 될 때 산모의 옷을 가져다 입으면 삼신이 옮겨와 자식을 낳을 수 있다고 믿었다. 그런 까닭에 아이를 낳은 산모에게 쌀과 미역으로 밥상을 차려주고, 대신 그 집의 쌀과 미역을 받아다 먹기도 했다. 산모가 먹을 미역에는 '해산미역'이라는 별칭이 붙었는데, 넓고 긴 미역으로 골라 가격을 깎지 않고 부르는 대로 주는 관습이 오늘날까지 남아 있다. 몇십 년 전만 해도 미역을 접으면 "명命 자른다"라고 해서 절대로 꺾지 않고 새끼줄로 묶어주었으며, 특히 해산미역은 남편이나 시아버지가 사서 꺾이지 않도록 어깨에 걸고 오기도 했다. 임부에게 꺾은 미역을 주면 난산한다는 속신 때문이다. 그뿐 아니라 무심코 미역을 어깨에 걸 때 왼쪽에 걸면 아들, 오른쪽에 걸면 딸이라 하며 미리 태아의 성별을 점치기도 했다.

천 살 먹은 미역국

그럼 우리는 언제부터 미역국을 먹기 시작했을까? 당나라 때 서견徐堅과 그의 동료들이 지은 백과사전 <초학기初學記>에는 "고래가 새끼를 낳은 뒤 미역을 뜯어 먹어 산후의 상처를 낫게 하는 것을 보고 고구려 사람들이 산모에게 미역을 먹인다"라는 기록이 있다. 이와 관련해 조선 헌종 때 실학자 이규경은 <오주연문장전산고> '산부계곽변증설産婦鷄藿辨證說'에서 "어떤 사람이 바다에서 헤엄치다가 막 새끼를 낳은 고래에게 먹혀 배 속에 들어갔더니 그 안에 미역이 가득 붙어 있었으며, 장부(오장육부)의 악혈이 모두 물로 변해 있었다. 고래 배 속에서 겨우 빠져나온 그는 미역이 산후조리에 효험이 있다는 것을 세상에 알렸다"라고 전하기도 했다.

미역은 고려 시대에 이미 중국에 수출했을 뿐만 아니라 "고려 11대 문종 12년(1058)에 곽전藿田(바닷가의 미역을 따는 곳)을 하사했다"라는 기록과 "고려 26대 충선왕 재위(1301년)에 미역을 원나라 황태후에게 바쳤다"라는 이야기가 <고려사高麗史>에 나온다. 송나라 때 서긍이 고려 개성에 와서 보고 들은 것을 쓴 <고려도경高麗圖經>에는 "미역은 고려에서 귀천이 없이 널리 즐겨 먹고 있다. 그 맛이 짜고 비린내가 나지만 오랫동안 먹으면 그저 먹을 만하다"라는 기록이 있다. 한국인의 일생과 함께하는 미역이 송나라 사람에게는 "그저 먹을 만한" 음식이었던 것이다. 미역은 유모나 버려진 아기를 거두어 기르는 사람에게 나눠준 구휼 식품이기도 했다. 정조는 1783년 흉년이 닥치자 걸식하거나 버려진 아이들을 구호하기 위해 '자휼전칙字恤典則'이란 법을 제정·반포해 시행했다. 7세부터 10세까지는 매일 한 아이당 쌀 7홉에 된장 2홉과 미역 2장씩을 주고, 4세부터 6세까지의 아이에게는 쌀 5홉과 된장 1홉에 미역 1장씩, 가난해 젖을 먹지 못하는 아기 하나를 데려다 키우는 여자에게는 매일 쌀 1되와 된장 2홉에 미역 2장씩을 주었다.

한편 미역국은 미끈미끈한 미역의 성질 때문에 시험에 착 붙어야 하는 한국의 수험생에게는 시험 당일 먹지 말아야 할 금기 음식이었다. 삼국시대 이래로 1000년을 이어 먹어온 미역국이 낙방이란 불길한 결과를 불러오는 두려운 음식이 되기도 하니, 한국인의 DNA 속 미역의 힘은 그 세기를 가늠할 수 없을 만큼 큰 것 같다.

캐고 따고
뜯어 만든
일상 한식

나물 조리하기 전에 알아둘 것

1. 무침은 알맞게 데쳐서

시금치, 참나물, 쑥갓 등 대부분의 녹황색 채소는 냄비에 재료가 잠길 정도로 물을 충분히 붓고 소금을 약간 넣은 다음 뚜껑을 연 채로 센 불에서 재빨리 데쳐낸다. 그래야 수용성비타민이 덜 파괴되고 잎이 무르지 않으며 색이 선명해진다. 반면에 감자, 고구마, 무, 토란 등 뿌리채소는 처음부터 찬물에 넣고 오래 삶아야 속과 겉이 고르게 익는다.

2. 데칠 땐 줄기나 뿌리부터

나물을 데칠 때는 딱딱한 줄기나 뿌리 쪽을 먼저 넣는다. 재료를 고르게 익히기 위한 것인데, 딱딱한 부분도 데치는 과정에서 너무 부드러워지기 전에 건지는 것이 좋다. 부드러워지기 시작하면 영양소 손실이 크기 때문. 또 많은 양을 데칠 경우에는 물의 온도가 낮아져 시간도 더 걸리고 색깔도 탁해지므로 조금씩 나눠서 데친다.

3. 저염식 즐기는 조리 노하우

참기름과 들기름은 음식에 고소한 맛과 향은 물론 부족한 영양분도 더하지만, 시간이 지날수록 산패한다는 생각 때문에 대개 마지막에 넣는다. 하지만 참기름은 쉽게 산패하지 않는다. 생채로 즐길 때 양념 재료 중 가장 먼저 넣으면 재료에 코팅 막이 형성돼 다른 조미료의 짠맛이 재료에 덜 스며든다. 소금을 적게 먹고 싶다면 소금 대신 들깻가루를 사용하는 것도 방법이다.

4. 조림은 끓으면 불을 약하게

나물에 양념이 잘 스며들게 하기 위해서는 처음에 센 불에서 끓이다가 국물이 한 번 푸르르 끓은 후에는 중약불을 유지하면서 자작자작 끓이는 것이 중요하다. 간장 조림을 할 때는 처음부터 간장을 물에 섞어 쓰도록 한다. 조리는 동안 재료가 점점 짜지는 것을 막을 수 있다.

5. 쓴맛 나물은 데쳐서 찬물에

취나물, 씀바귀, 쑥, 머위, 두릅 등은 끓는 물에 데쳐서 찬물에 담가두면 쓴맛이나 떫은맛이 줄어든다. 이때 씀바귀처럼 쓴맛이 강한 것은 찬물을 여러 번 바꿔가며 헹궈야 한다. 봄나물 중에서도 원추리는 성장할수록 콜히친이란 독 성분이 강해지므로 어린순만 섭취해야 한다. 대개 데쳐서 바로 사용하지만, 식품의약품안전처에 따르면 콜히친은 수용성 물질로, 끓는 물에 데쳐 찬물에 2시간 이상 담그면 쉽게 없앨 수 있다고 한다.

6. 어울리는 양념으로

식재료 자체의 향을 즐길 때는 참기름이나 들기름, 통깨, 소금 만으로 간단히 양념하기도 한다. 하지만 어울리는 발효 식품으로 맛을 더하거나 식초로 새콤한 맛을, 고춧가루로 매운맛을 내기도 한다. 식재료 본연의 성질에 맞는 양념을 사용하는 것도 중요한데, 산나물은 짭짤하게 곧 고추장 양념보다 된장 양념이 어울리고, 밭나물과 들나물은 소금이나 조선간장·초간장으로 무치면 잘 어울린다.

7. 양념에도 순서가 있다

조림 요리를 할 때는 대개 양념 재료를 설탕-소금-식초-간장-된장-참기름 순으로 넣는다. 특히 볶을 때 설탕을 넣는다면 이 순서는 불변의 원칙이다. 설탕은 재료를 유연하게 만드는 효과가 있어 가장 먼저 넣는 것이 일반적이다. 간장, 된장 등의 발효 식품은 고유한 향이나 맛이 금세 날아갈 수 있어 나중에 넣는다. 소금을 약간만 넣어 간을 맞출 때는 마지막에 더하기도 한다.

8. 세게 무치는 건 금물

생채는 박박 무치면 조직이 파괴되면서 풋내가 생길 수 있다. 아삭한 식감을 유지하도록 젓가락을 이용해 가볍게 무친다. 물에 데치거나 기름에 볶아 익히는 숙채의 경우에는 갖은양념을 넣고 손끝에 약간 힘을 주어 조물조물 버무린다. 나물 조직에 간이 충분히 배어들어 맛있게 즐길 수 있다.

9. 생채무침은 먹기 직전에

미리 무쳐두면 재료에서 수분이 빠져나와 맛이 싱거워진다. 잎과 줄기가 축 늘어져 식감도 떨어지고 질겨지므로 양념장을 따로 내거나 즉석에서 버무려 낸다. 별것 아니지만 식재료 자체의 아삭하고 상큼한 맛을 살리는 한 끗 차이가 된다.

10. 물기도 조절해서 짠다

나물은 시간이 지나면 수분이 빠져나와 맛도 덜해지고 식감도 질척거리게 된다. 물기를 빼는 과정이 중요한 이유다. 마른 면포나 키친타월 위에 데친 식재료를 쫙 펴놓고 돌돌 말아 꾹꾹 눌러서 물기를 짜면 간편하다. 단, 볶아서 먹을 때는 물기를 어느 정도 유지해야 부드럽게 볶이므로 데쳐서 찬물에 헹군 다음 물기를 80% 정도만 짜내는 것이 적당하다.

시금치무침

준비하기

재료 (1접시분)
시금치(손질한 것) 200g, 소금 약간

양념
참기름 1t, 조선간장 1½t, 통깨 ½t

만드는 법

❶ 시금치는 뿌리 쪽을 잘라낸 다음, 포기의 크기에 따라 줄기를 길이로 2~4등분해 씻는다. 길이는 4cm 정도가 적당하다. 단, 경북 포항의 재래종 시금치 포항초를 사용할 경우엔 뿌리가 달큼하므로 잘라내지 않는 것이 좋다. 뿌리째 길이로 쪼개서 사용한다.

❷ 냄비에 물을 넉넉히 붓고 소금을 약간 넣어 뚜껑을 연 채로 끓인다. 물이 끓어오르면 시금치 줄기 쪽을 먼저 넣고 데치다가 나머지 잎 부분을 넣어 2분 정도 데친다. 체로 건져서 찬물에 헹군 후 물기를 꼭 짠다.

❸ 볼에 데친 시금치를 훌훌 털어서 담은 뒤 참기름을 넣어 무친다. 여기에 조선간장을 넣고 조물조물 무치다가 통깨를 넣고 섞는다.

시금치는 잎이 연한 데다 성분 중 비타민 C가 열에 약하기 때문에 센 불에 살짝만 데쳐서 사용한다. 시금치를 데칠 때 수산 성분도 제거되는데, 끓는 물에 소금을 약간 넣고 냄비 뚜껑을 연 채로 데치는 이유가 여기에 있다. 뿌리는 빨갛고 잎은 녹색으로 진하며 줄기가 도톰하면서 길이가 한 뼘 정도 되는 것이 달고 맛있다. 나물로 즐길 때는 먹기 직전에 물기를 꼭 짜야 양념이 잘 밴다.

콩나물무침

준비하기

재료(1접시분)
콩나물 100g, 물 ½컵

양념
참기름 1t, 고운 소금 약 ⅛t, 통깨 ½t,
송송 썬 쪽파 1T

만드는 법

❶ 콩나물은 뿌리를 잘라내고 거무스름한
콩 껍질은 떼어낸 후 씻어 건진다.

❷ 냄비에 손질한 콩나물을 담고 물을
부은 뒤 뚜껑을 덮고 삶는다. 김이
새어나오면서 물이 우르르 끓어오르면
불을 끄고 2분 정도 그대로 둔다.
뚜껑을 열고 소쿠리에 쏟아서 물기를 뺀
다음 펼쳐 식힌다.

❸ 볼에 삶은 콩나물을 담고 참기름을
넣어 살살 섞은 다음 고운 소금과
통깨, 송송 썬 쪽파를 넣고 무친다.

맛있게 무치려면 아삭한 식감을 살릴 수
있도록 데치는 것이 관건이다. 가장 좋은
방법은 냄비에 콩나물을 넣은 뒤 물을
반 컵 정도만 붓고 끓여 김으로 익히는
것이다. 콩나물을 끓는 물에 잠기게
해서 데치면 콩나물 자체의 수분이
빠져나가서 오히려 질길 수 있다. 삶는
동안엔 냄비 뚜껑을 열지 말아야 하며,
물이 끓어오르면 바로 불을 끄고 잠깐
동안 뜸을 들인 다음 채반에 쏟아 재빨리
김을 날리는 것이 포인트. 찬물에 헹구면
수분이 날아가지 못해 무쳤을 때 물이
생기고 양념이 묽어지므로 주의한다.

숙주나물무침

재료(1접시분)
숙주나물(손질한 것) 100g, 물 ½컵

양념
참기름 1t, 고운 소금 약 ⅛t, 통깨 ½t,
송송 썬 쪽파 1T

대두를 싹틔운 콩나물과 녹두를 발아시킨
새싹 채소 숙주는 생김새만큼이나 비슷한
점이 많다. 나물로 즐길 때 조리법도
똑같다. 다만 숙주의 경우 모양새를
깔끔하게 만들기 위해 뿌리와 대가리를
제거해 사용한다. 숙주가 남았을 경우
물에 씻지 말고 그대로 비닐 팩에 담아
냉장 보관하고, 시들었다면 찬물에 잠시
담가 싱싱함을 살려서 사용한다.

잡채

준비하기

재료(4~6인분)
당면 100g, 쇠고기 50g,
목이버섯(불린 것) 40g, 표고버섯 50g,
더덕 50g, 취청오이 ½개, 당근 50g,
양파 ½개(100g), 식용유·소금·배 약간씩

양념장
진간장 2t, 설탕 1t, 다진 마늘 1t,
다진 파 1t, 후춧가루 약간

무침 양념
참기름 2t, 진간장 1T, 설탕 1T, 통깨 1t,
후춧가루 약간1t

만드는 법

❶ 쇠고기와 불린 목이버섯은 가늘게 채 썰고, 표고버섯은 씻어서 기둥을 뗀 뒤 살짝 눌러서 물기를 짠 다음 얇게 포를 떠서 채 썬다.

❷ 더덕은 4~5cm 길이로 가늘게 찢거나 채 썬다. 오이는 씻어서 4cm 길이로 토막 내 돌려 깎은 후 채 썬다. 소금에 살짝 절였다가 마른 면포에 싸서 물기를 걷는다. 당근과 양파도 채 썬다.

❸ 달군 팬에 식용유를 두르고 더덕, 양파, 오이, 목이버섯, 당근 순으로 각각 볶은 뒤 소금으로 간해서 넓은 접시에 쏟아 식힌다. 분량의 재료를 섞은 양념장을 쇠고기와 표고버섯에 각각 절반씩 넣고 무쳐 볶은 후 접시에 담아 식힌다.

❹ 냄비에 물을 넉넉히 붓고 끓으면 당면을 넣어 삶는다. 면이 완전히 투명해지면 소쿠리에 쏟아 물기를 빼고 두세 번 자른다. 무침 양념의 참기름을 넣고 버무린 후 나머지 양념을 넣어 무친다. 그래야 서로 들러붙지 않아 무치기 좋다. 이때 간을 보고 싱거우면 진간장을 더 넣는다.

❺ 양념해 무친 당면에 볶은 쇠고기와 채소를 모두 넣고 훌훌 섞는다. 간을 봐서 싱거우면 진간장을 약간 더 넣는다. 그릇에 잡채를 담고, 배를 얇게 채 썰어 가니시로 올린다.

누구나 좋아하는 별식 중 하나인 잡채는 해외 한식당 메뉴에서도 빠지는 법이 없다. 본래 잡채는 '여러 채소를 섞은 음식'이란 뜻이지만, 오늘날에는 갖은 채소를 볶아 보들보들한 당면을 더해 무친다. 다양한 채소와 고기 등 여러 재료를 채 썰어 만드는 만큼 손 많이 가는 대표 음식으로 꼽히지만, 그 맛과 정성이 일품이라 잔칫상에도 꼭 등장하는 메뉴다. 마지막에 배를 채 썰어 가니시로 얹는 것은 기름에 볶아 느끼한 맛을 잡기 위해서다.

취나물된장무침

준비하기

재료(1접시분)
취나물(손질한 것) 200g, 소금 1t

양념
들기름 1T, 된장 1T, 다진 파 ½T,
다진 마늘 ½t, 통깨 ½t

만드는 법

❶ 취나물은 줄기의 질긴 부분을
잘라내고 4cm 길이로 썬 후 세 번 정도
충분히 씻어 건진다.

❷ 냄비에 물을 넉넉히 붓고 소금을
넣어 끓인다. 물이 끓어오르면 손질한
취나물의 줄기 쪽을 먼저 넣고
젓가락으로 저은 다음 잎 부분을 넣고
저어서 2분 정도 삶는다.

❸ ②의 취나물을 건져 찬물에 두어 번
헹군 다음 물기를 꼭 짠다.

❹ 삶은 취나물을 훌훌 털어서 볼에 담고
들기름을 고루 둘러서 무친 다음 된장,
다진 파, 다진 마늘, 통깨를 넣고 무친다.

취나물은 주로 살짝 데쳐서 소금과
간장으로 간해 볶아 먹거나 무쳐 먹는다.
향이 강한 편이라 된장으로 양념해
무쳐도 잘 어울리는데, 들기름을 더하면
금상첨화다. 어린잎은 날로 먹기도
하지만, 성숙하면 약간 쓴맛이 나기
때문에 나물로 즐길 때는 소금을 넣은
끓는 물에 살짝 데치는 것이 보통이다.
요즘에는 하우스 재배가 이루어져
사계절 내내 먹을 수 있으며,
냉동 보관해도 색과 향을 고스란히
즐길 수 있다.

냉이초고추장무침

준비하기

재료(1접시분)
냉이(손질한 것) 200g, 소금 1t,
참기름 ½T, 통깨 ½t

초고추장
고추장 1T, 설탕 ½T, 식초 2t,
다진 마늘 ⅓t

만드는 법

❶ 냉이는 잎과 뿌리를 잘라서 나눈 다음 떡잎을 떼어내고, 뿌리는 칼로 긁어 잔뿌리를 제거한다. 뿌리와 잎 모두 3cm 길이로 썬 다음 뿌리 부분은 비벼 씻고, 잎 부분은 서로 엉킨 부분을 분리해 여러 번 깨끗이 씻는다.

❷ 냄비에 물을 넉넉히 붓고 소금을 넣어 끓인다. 물이 끓어오르면 냉이 뿌리를 먼저 넣고 2분 정도 삶다가 잎을 넣어 2분 정도 더 삶은 다음 건져서 찬물에 헹궈 물기를 꼭 짠다.

❸ 볼에 분량의 재료를 모두 담고 섞어 초고추장을 만든다.

❹ 삶은 냉이를 훌훌 털어서 볼에 담고, 참기름을 먼저 넣어 무치다가 ③의 초고추장과 통깨를 넣어 골고루 무친다.

냉이는 막 돋아났을 때 채취해야 향이 짙다. 줄기가 돋아나고 꽃이 피기 시작하면 향이 약해진다. 냉이는 손질하기 까다로운 편인데, 잔뿌리에 흙이나 먼지 등 이물질이 많이 붙어 있기 때문이다. 뿌리에서 잎을 잘라내면 손질하기가 한결 쉬워지며, 끓는 물에 데칠 때도 뿌리 먼저 삶다가 잎을 삶아야 모두 부드럽게 익어 먹기 좋다. 한국인이 된장국에 넣어 즐겨 먹는 나물이기도 한 만큼 된장이나 소금과 참기름만 넣고 무쳐도 맛있다.

방풍초고추장무침

재료(1접시분)
방풍(데쳐서 물기 짠 것) 200g, 소금 1t,
들기름 ½T, 통깨 ½t

초고추장
고추장 1T, 설탕 ½T, 식초 2t,
다진 마늘 ⅓t

쌉쌀한 맛과 특유의 향이 특징인 방풍은 연한 잎은 생것으로 먹기도 하는데, 쌈으로 즐길 때 함께 먹으면 고기의 누린내를 없애 맛을 좋게 한다.
나물로 즐길 때는 방풍의 억센 줄기 부분을 잘라내고 4cm 길이로 잘라서 씻어 건진 다음, 냉이초고추장무침처럼 양념해 먹어도 잘 어울린다. 소금 1t을 넣은 끓는 물에 데쳐서 찬물에 헹궈 물기를 꼭 짠 다음 가볍게 무친다.

배추겉절이

재료(1접시분)
배추속대 500g, 쪽파 50g, 굵은소금 50g,
물 2컵

양념
고춧가루 2T, 멸치액젓 2T, 다진 마늘 2T,
다진 대파 2T, 설탕 1T

❶ 분량의 물에 굵은소금의 반을 풀어
소금물을 만든다. 배추속대는 고갱이를
준비해 소금물에 적셨다 건진 후 줄기
부분에 나머지 굵은소금을 조금씩 고루
뿌려 그대로 둔다. 2시간 후 위아래
고갱이 위치를 바꿔준다.
총 3~4시간 정도 절여서 배추 줄기
부분이 약간 부드러워지면 물에 씻은 뒤
잎 부분의 물기를 꼭 짠다.

❷ 절인 배추는 반으로 썰어 길이로 굵게
찢는다. 먼저 고춧가루를 넣고 버무려
고춧가루 물을 들인 다음 나머지 양념을
모두 넣어 무친다. 쪽파를 4cm 길이로
썰어 넣고 다시 한번 버무린다.

배추의 속 부분으로 만드는 겉절이를
고갱이김치라고도 한다. 고갱이는 '연한
속살'을 가리키는 순우리말로, 배추의
연하고 고소한 노란색 속잎을 의미한다.
배추 속잎을 하나씩 떼어 소금물에
절였다가 씻어서 잎 부분의 물기를 짜고
길이로 죽죽 찢는데, 그래야 섬유질이
살아 있어 아삭하게 씹는 맛이 좋다.
먹기 직전에 참기름과 식초를 약간씩
넣으면 샐러드처럼 즐길 수 있다. 겉절이
양념은 숙성되면 더 맛있어지므로 최소
2~3일 전에 미리 만들어두고 쓰면
더 좋다.

모둠채소무침

준비하기

재료(1접시분)
여러 채소(상추, 쑥갓, 치커리,
달래 등) 100g

양념
참기름 1T, 고춧가루 2t, 설탕 ½T,
식초 2t, 통깨 1t, 고운 소금 ⅓t

만드는 법

❶ 상추, 쑥갓, 치커리 등은 씻어서 물기를
털고 손으로 먹기 좋은 크기로 뜯는다.

❷ 달래는 알뿌리 껍질을 벗기고 흰
뿌리 부분을 손질한 다음 씻어서 물기를
없애고 3cm 길이로 썬다.

❸ 볼에 ①과 ②의 채소를 모두 담고
참기름을 둘러서 살살 섞은 다음
고춧가루, 설탕, 식초, 통깨, 소금을 넣어
무친다. 간을 보고 싱거우면 소금을 약간
더 넣고 무쳐 큼직한 그릇에 담는다.

한국의 대표 양념 재료를 적절한
분량으로 섞어 드레싱을 만든 후
여러 채소에 넣고 버무려 샐러드처럼
즐기는 메뉴다. 고기 요리나 생선구이의
곁들이로도 안성맞춤이며, 냉장고
속의 자투리 채소를 한데 모아 즐겨도
좋다. 잎채소를 주로 사용할 경우 먼저
참기름으로 무친 후 나머지 양념을 넣어
섞으면 더욱 싱싱하게 맛볼 수 있다.
다양한 채소를 사용할 경우 양념을 한데
섞어 드레싱처럼 부은 후 무쳐 먹는다.

시래기황태찜

준비하기

재료(4인분)
시래기(불린 것) 500g, 황태 1마리

양념
된장 3½T, 들기름 2T, 다진 마늘 1T,
쌀뜨물(또는 물) 8컵

만드는 법

❶ 시래기는 씻어서 냄비에 담고
물을 충분히 부어 삶는다.
30분 정도 끓인 뒤 불을 끄고 뚜껑을
덮어서 10시간 정도 불린다.

❷ 불린 시래기의 껍질을 벗기고
씻어서 건진다.

❸ 황태는 씻어서 토막을 낸다.

❹ ②의 시래기에 된장, 들기름,
다진 마늘을 넣고 무친다.

❺ 냄비에 ③의 황태를 깔고,
그 위에 ④의 시래기를 얹은 다음
쌀뜨물을 붓고 중약불에서 국물이 거의
없어질 때까지 조린다.

❻ ⑤의 시래기를 8~10cm 길이로 썰어
그릇에 담고, 황태를 곁들인다.

말린 무청인 시래기는 끓는 물에 삶기
전에 뜨거운 물에 불렸다가 삶으면 줄기
부분이 훨씬 부드러워진다. 삶는 시간도
단축할 수 있다. 다 삶은 후에도 최소한
냄비가 식을 때까지는 그대로 두어
줄기가 부드러워지면 건져서 사용한다.
이때 줄기가 부드럽지 않으면 다시 한번
삶는다. 궁합이 좋은 황태와 함께 찌면
별미인데, 국물로 쌀뜨물을 활용하면
황태의 딱딱한 식감이 부드러워지고,
비린내도 잡을 수 있다. 황태 대신 반건조
코다리를 사용하면 쫀득한 식감을 더할
수 있다.

우엉채소볶음

재료(4인분)
우엉 100g, 표고버섯 40g, 양파 80g,
홍고추 1개, 풋고추 1개,
쪽파(또는 부추) 30g, 통깨 1t, 참기름 1t,
식용유 적당량, 식초·소금 약간씩

우엉 양념
진간장 4t, 설탕 ½T, 참기름 1t

만드는 법

❶ 우엉은 껍질을 벗기고 4cm 길이로
토막 내 곱게 채 썬다. 식초를 약간 넣은
물에 5분 정도 삶아 건진 후 찬물에 헹궈
식초 맛을 뺀다.

❷ 표고버섯과 양파는 채 썬다. 홍고추와
풋고추는 길이로 반 갈라서 씨를 털어낸
뒤 4cm 길이로 채 썰고, 쪽파는 씻어서
4cm 길이로 썬다.

❸ 달군 팬에 식용유를 두르고 표고버섯,
양파, 홍고추, 풋고추, 쪽파를 각각 따로
볶은 뒤 소금으로 간해 식힌다.

❹ 팬에 식용유를 두르고 ①의 우엉을
볶다가 분량의 진간장, 설탕, 참기름을
섞은 양념을 넣어 볶는다.

❺ 우엉 볶은 것과 ③의 채소 볶은
것을 볼에 한데 담고 통깨와 참기름을
넣어 버무린다.

우엉은 기름에 볶으면 단맛이 강해진다.
채 썬 우엉을 볶아 채소 볶은 것과 섞은
음식으로, 우엉잡채라고 부르기도 한다.
재료를 각각 볶아서 마지막에 한데
모아 섞어야 식재료의 맛이 깔끔하게
어우러진다. 우엉을 좀 더 부드럽게 먹고
싶다면 채 썰 때 굵기를 가늘게 한다.
또 양파와 쪽파는 살짝 볶아야 고유의
식감을 살릴 수 있다.

우엉조림

준비하기

재료(4인분)
우엉(껍질 벗겨 손질한 것) 100g,
식초 1T

조림장
진간장 1½T, 맛술 2T, 설탕 ½T, 물 3T,
꿀 1T, 통깨 1t

만드는 법

❶ 우엉은 껍질을 살살 벗겨낸다.
4cm 길이로 토막 내고 길이로 6등분한
다음 색이 변하지 않도록 바로 물에
담근다.

❷ ①의 우엉을 건져 냄비에 담고 물을
잠길 정도로 넉넉히 부은 후 식초를 넣어
삶는다. 물이 끓어오르기 시작하면
10분 정도 삶아 건진 후 물에 잠깐 담가서
식초 맛을 뺀다.

❸ 깊은 팬에 진간장, 맛술, 설탕, 물을
담고 섞은 다음 센 불에 올린다.
끓어오르면 ②의 우엉을 넣고 중약불로
줄여 조림장이 거의 없어질 때까지
끓이다가 꿀을 넣고 윤기가 나도록
조린다. 불을 끄고 접시에 쏟아 한 김 식힌
뒤 통깨를 뿌린다.

우엉조림은 김밥 속 재료로도 인기 높은
친숙한 반찬이다. 조리기 전에 원하는
식감부터 정하는데, 짧은 시간 삶으면
아삭한 맛을, 푹 익히면 쫀득한 맛을
즐길 수 있다. 이는 연근도 마찬가지다.
우엉과 연근은 모두 껍질째 먹어도
좋지만 껍질을 벗기면 식감이 조금 더
부드럽다. 하지만 우엉의 경우 껍질에
사포닌과 폴리페놀 성분이 다량 함유된
만큼 되도록 껍질째 조리하는 게 좋다.
벗겨내더라도 조리하기 직전에 살살
긁어내야 향과 영양이 온전하다.

연근조림

재료(4인분)
연근(껍질 벗겨 손질한 것) 100g,
식초 1T

조림장
진간장 1½T, 맛술 2T, 설탕 ½T, 물 3T,
꿀 1T, 통깨 1t

연근을 아삭한 식감으로 즐길 경우,
너무 얇거나 두꺼우면 맛이 덜하므로
5mm 정도 두께로 써는 것이 적당하다.
연근은 껍질을 벗기면 표면이 금세
갈색으로 변한다. 이를 방지하기 위해
조리 직전에 껍질을 벗기고, 바로 냄비에
담아 물을 붓고 5분 정도 삶는다. 물에
식초를 몇 방울 넣고 껍질 벗긴 연근을
담가두면 특유의 아린 맛이 덜해지는데,
이 과정을 거칠 경우엔 삶기 직전 찬물에
잠시 담가 식초 맛을 우려내고 삶아야
연근 본연의 맛을 즐길 수 있다.

연근깨소스냉채

재료(1접시분)
연근(껍질 벗긴 것) 100g, 배 100g,
송송 썬 쪽파 약간

소스
통깨 1½T, 식초 1T, 설탕 2t, 조선간장 2t,
마늘즙 ½t, 참기름 ½T

만드는 법

❶ 연근은 껍질을 벗기고 얇게 썰어서
물에 헹군 다음 바로 냄비에 담고 잠길
정도로 물을 부어 센 불에 올린다.
3~5분 정도 삶아 찬물에 헹궈 건진다.

❷ 배는 껍질을 벗겨 연근 크기로
얇게 썬다.

❸ 분말기나 믹서에 통깨를 곱게 간 다음
볼에 쏟고, 나머지 소스 재료를 모두 넣어
섞는다.

❹ 볼에 ①의 연근, ②의 배를 담고 ③의
소스를 끼얹어 버무린다. 그릇에 담은 후
송송 썬 쪽파를 뿌린다.

연근은 수분이 많으며 식감이 부드럽고
연해 생으로 먹어도 좋다. 냉채로 만들면
코스의 전채로도 훌륭한데, 이때는
연근과 배를 얇게 써는 것이 포인트다.
칼에 착 붙어 말릴 정도로 얇게 썰고,
끓는 물에 연근을 아주 살짝만 데쳐서
아삭한 맛을 살리도록 한다.
연근을 고를 때는 흙이 적당히 묻어
있고, 양쪽에 마디가 있으며, 껍질에
흠집이 없는 것이 좋다. 몸통이 가는 것은
섬유질이 억세므로 피한다.

연근전

준비하기

재료(지름 7cm 크기 4개분)
연근 1개(강판에 간 것 160g, 가늘게
채 썬 것 80g), 새우 60g, 쪽파 20g,
박력분 3T, 조선간장 1t, 참기름 1T, 멸치
다시마 국물 2~3T, 식용유 적당량

만드는 법

❶ 연근은 껍질 벗겨 3분의 2 분량은
강판에 갈고, 나머지는 얇게 썰어서
가늘게 채 썬다.

❷ 새우는 굵게 다지고, 쪽파는 송송 썬다.

❸ 볼에 강판에 간 연근과 채 썬 연근을
담고, 다진 새우와 송송 썬 쪽파, 박력분을
넣은 다음 조선간장과 참기름을 넣어
섞는다. 멸치 다시마 국물을 조금씩 넣어
농도를 조절한다.

❹ 달군 팬에 식용유를 두르고 작은
국자로 ❸의 반죽을 떠 올린 후 앞뒤로
노릇하게 부쳐 접시에 담는다.
이때 고추장아찌를 곁들여 함께 먹으면
잘 어울린다.

연근을 효과적으로 섭취하는 방법 중
하나가 강판에 갈아 그 즙을 2~3배 되는
양의 뜨거운 물에 타서 마시는 것이다.
이 연근즙을 반죽에 사용해 연근전을
만들면 풍부한 영양을 더욱 맛있게 즐길
수 있는데, 연근 자체에 녹말 성분이 많아
밀가루를 넣지 않아도 점성이 충분하다.
쫀득한 반죽에 아삭아삭하게 씹히는
식감을 더하고 싶다면 연근을 작게 채
썰어 넣는 것도 좋다. 이때는 녹말기가
씻겨 나가지 않도록 채 썬 연근을 물에
헹구지 않고 그대로 사용한다.

고추장아찌
전이나 만두를 먹을 때 초간장 대용으로
먹는 고추장아찌는 반찬으로도 두루
유용하다. 먼저 냄비에 물 2컵과 설탕
200g, 소금 1t을 담고 불에 올린다. 물이
끓어오르면 불을 끄고 진간장 2컵과 식초
2컵을 붓고 차게 식혀 절임장을 만든다.
풋고추 1kg과 청양고추 200g은 씻어서
꼭지를 1cm 정도 남기고 잘라낸다.
마늘 100g은 밑동을 약간 잘라내고
씻어 물기를 걷는다. 모두 밀폐 용기에
담고 절임장을 부어서 재료가 위로 뜨지
않도록 무거운 것으로 누른다. 냉장고에
두고 2주일쯤 후부터 먹는다. (무, 오이,
당근, 마늘종, 깻잎 등을 손질해 함께
담가도 된다.)

더덕구이

준비하기

재료(1접시분)
더덕(손질한 것) 100g,
송송 썬 쪽파 약간

기름장
참기름 1t, 진간장 1t

양념
고추장 1T, 진간장 ½T, 꿀 ½T,
다진 대파 2t, 다진 마늘 1t

만드는 법

❶ 더덕은 껍질을 벗겨 길이로 반 쪼갠
다음 젖은 면포 사이에 놓고 밀대로
밀어서 납작하게 만든다.

❷ 볼에 참기름과 진간장을 부어 섞은 뒤
①의 더덕에 고루 바른다.

❸ 팬을 약하게 달궈 ②의 더덕을 올려
앞뒤로 뭉근히 굽는다.

❹ 볼에 분량의 양념 재료를 모두 담고
고루 섞은 뒤 ③의 더덕에 여러 번 발라서
굽는다. 먹기 좋은 크기로 썰어 그릇에
담고, 송송 썬 쪽파를 올려 장식한다.

더덕을 손질한 후 방망이나 밀대로
두드리는 이유는 섬유질을 연하게 해
부드럽게 먹기 위해서다. 두드릴 때
잘못하면 부서지기 쉬우므로 모양을
그대로 살리고 싶다면 젖은 면포에 싸서
민다. 더덕은 먼저 기름장을 발라 약한
불에서 구운 다음 양념장을 발라 구워야
타지 않는다. 더덕 향을 짙게 음미하고
싶다면 살짝만 굽는다.

도라지오이무침

준비하기

재료(1접시분)
도라지(손질한 것) 100g, 오이(손질한
것) 80g, 소금·송송 썬 쪽파 약간씩

도라지 절임 양념
설탕 ½T, 고운 소금 ½t

오이 절임 양념
설탕 1t, 고운 소금 ½t

무침 양념
참기름 1t, 고춧가루 1T, 고추장 1t,
설탕 1T, 식초 1T, 다진 마늘 1t,
다진 대파 ½T, 소금 ⅓~¼t, 통깨 ½t

만드는 법

❶ 도라지는 3cm 길이로 토막 내 굵게
썬다. 오이는 3cm 길이로 토막 내 길이로
열십자로 자른 다음, 씨 부분을 저며내고
다시 길이로 반 자른다.

❷ 손질한 도라지는 설탕과 고운 소금을
넣고 바락바락 주물러 절인다. 손질한
오이도 설탕과 고운 소금을 넣고 섞어
절인다. 각각 20분 정도 절인다.

❸ 절인 도라지와 오이는 씻어서 마른
면포에 펼쳐놓고 돌돌 말아 꾹꾹 눌러
물기를 짠다. 이것을 볼에 담고 참기름을
둘러서 버무린 다음 나머지 무침 양념을
모두 넣어 고루 섞는다. 그릇에 담고 송송
썬 쪽파를 뿌린다.

도라지는 뿌리째 생으로 먹기도 하고,
볶아 먹기도 하는 등 다양한 조리법으로
즐기지만, 오이와 함께 매콤하게 무치면
입맛 돋우는 반찬으로 더할 나위 없다.
이때 도라지 뿌리에 소금을 뿌려
바락바락 주물러 씻어 쓴맛을 없애야
한다. 납작하고 네모난 골패 모양으로 썬
오이와 함께 충분히 절인 다음 물기를 꼭
짜서 무치면 아작아작한 식감을 살릴 수
있으며, 냉장고에 두고 먹어도 물이 덜
생긴다.

더덕무침

재료(1접시분)
더덕(껍질 벗긴 것) 100g

양념
고추장 1½T, 고춧가루 1T,
다진 마늘 1t, 다진 대파 2t, 설탕 1T,
식초 1T, 참기름 2t

더덕은 도라지와 비슷하지만
향이 더 진하고 살이 연한 것이 특징이다.
섬유질이 풍부하고 물기가 적어
아작아작 씹는 맛이 일품인데,
오래 씹을수록 특유의 향을 만끽할
수 있다. 더덕을 무침으로 즐길 때는
가장 먼저 원하는 식감에 따라 굵기를
결정한다. 더덕을 납작하게 만든 다음
먹기 좋은 길이로 썬 후 곱게 채 썰어
무칠 수도 있고, 굵게 찢어서 무칠 수도
있는데, 식감의 차이가 크다.

무나물

준비하기

재료(1접시분)

무 300g, 소금 $^2/_3$t, 들기름 1T,
쇠고기 육수 1컵, 생강즙 1t, 쪽파 약간

만드는 법

❶ 무는 4cm 길이로 토막 내 5mm 폭,
2mm 두께로 채 썬 다음, 소금을 뿌려서
섞어 20분 정도 절인다.

❷ 절인 무는 물기를 짜 냄비에 담고
들기름을 둘러 잠깐 볶다가 쇠고기
육수와 생강즙을 넣어 볶는다. 뒤적이지
말고 냄비를 흔들어가며 볶아야 무나물이
부서지지 않는다. 무가 말갛게 익으면
그릇에 담고 쪽파 약간을 채 썰어 올려
장식한다.

무는 부위에 따라 맛이 다르다. 뿌리
쪽은 단단하고 매운맛이 강해 국이나
탕의 재료로 알맞고, 줄기와 가까운
부분은 단맛이 많아 생채로 제격이다.
나물 용도로는 줄기나 몸통 부분이
안성맞춤이다. 무나물을 뽀얗게 만들고
싶다면 육수를 활용할 것. 팬에 기름만
두르고 볶으면 빛깔이 칙칙해지기
십상이다. 육수를 부어서 익히면 색이
깨끗할 뿐 아니라 고소한 맛까지 더할
수 있다. 여기에 생강즙을 넣어 무의
비린내를 없애고, 찬 성질을 중화하는
것도 잊지 않는다.

무생채

재료(1접시분)
무 300g, 쪽파 100g, 설탕 1t, 소금 1t

양념
고춧가루 2t, 설탕 1t, 다진 마늘 1t,
멸치액젓 1T

만드는 법

❶ 무는 4cm 길이로 토막 내 길이로 채 썬 후 설탕과 소금을 뿌려서 20분 정도 절인다. 쪽파도 같은 길이로 썬다.

❷ ①의 절인 무는 마른 면포 위에 펼쳐 올리고 둘둘 말아서 꾹꾹 눌러 물기를 짠다.

❸ 볼에 ②의 무를 담고 고춧가루를 넣어 섞은 다음, 쪽파와 나머지 양념 재료를 모두 넣고 무친다.

한국에서 겨울에 재배하는 무는 수분 함량이 높고 단맛도 강하다. 겨울철 무는 가장 맛이 좋아 생채로 즐기기에 적합한데, 고기를 먹을 때 곁들이면 느끼한 맛을 잡아줄뿐더러 지방 분해와 소화도 도와주어 금상첨화다. 무생채를 만들 때 가장 염두에 두어야 할 점은 먹는 도중 물이 많이 생기지 않도록 충분히 절여 물기를 꼭 짜내는 것이다. 제철이 아니어서 무의 맛이 덜하다면 절일 때 설탕을 먼저 넣어 버무린 다음 소금을 넣고 버무려 절이도록 한다.

가지무침

준비하기

재료(1접시분)
가지 2개(260g), 송송 썬 쪽파 2T

양념
조선간장 2t, 식초 1t, 다진 마늘 ½t,
참기름 1t, 통깨 ½t

만드는 법

❶ 가지는 4cm 길이로 토막 내서 길이로
6등분한다.

❷ 김이 오른 찜통에 가지의 자른 면이
바닥으로 가도록 얹어서 4~5분 찐 다음
얼른 꺼내서 한 김 식힌다.

❸ ②의 가지에 조선간장을 넣고 섞은
다음 나머지 양념을 넣어 조물조물
무친다. 먹기 직전에 무쳐야 간이
싱거워지지 않는다.

❹ 그릇에 ③의 가지무침을 담고 송송 썬
쪽파를 가운데에 길게 뿌린다.

한국인의 여름 밥상에 빠지지 않는
반찬으로, 냉장고에 보관하고 먹으면 입맛
없을 때 아주 요긴하다. 가지를 나물로
즐길 때는 씨가 적은 것이 좋다. 모양도
가늘고 긴 것을 골라 지나치게 푹 찌지
않아야 식감은 물론, 특유의 색감까지
살릴 수 있다. 또 찐 가지의 물기가 많으면
마른 면포에 펼쳐놓고 돌돌 말아서 살짝
물기를 걷어내는 것이 중요하다. 물기를
꼭 짜내면 모양이 망가지고, 질감도
질겨져 맛이 덜하다.

오이볶음

재료(1접시분)

오이 1개(약 200g), 양파 50g, 식용유 1T,
들기름 1T, 소금 약간

❶ 오이는 씻어서 얇게 슬라이스해
소금을 뿌려 절인 후 물기를 짠다.
양파도 얇게 슬라이스해서 소금에
절였다가 물기를 꼭 짠다.

❷ 달군 팬에 식용유를 두르고 절인
오이와 양파를 넣어 센 불에서 볶는다.
소금으로 간을 맞추고 들기름을 둘러
그릇에 담는다.

수분 함량이 높고 시원한 맛이 매력적인
오이지만 특유의 비릿한 맛에 거부감을
느끼는 경우도 있는데, 이럴 때 제격인
게 오이볶음이다. 오이를 절여서 볶으면
비릿한 맛이 고소하게 바뀐다.
오이는 높은 온도에서 재빨리 볶는 것이
중요한데, 그래야 식감이 아삭아삭하고
파릇한 빛깔도 살아난다. 오이로 음식을
만들 때 가장 염두에 둘 것은 당근이나
무를 함께 사용하지 않는 것. 당근과 무에
함유된 아스코르비나아제 효소가 오이의
비타민 C를 파괴한다.

꽈리고추찜무침

준비하기

재료(1접시분)
꽈리고추 100g, 밀가루 1T

양념
진간장 1T, 다진 마늘 1t, 다진 대파 1t,
고춧가루 1t, 참기름 1t, 통깨 1t

만드는 법

❶ 꽈리고추는 씻어서 꼭지를 떼어낸 후
물기를 대충 걷고 밀가루를 고루 묻힌
다음 여분의 가루는 털어낸다.

❷ 김이 오른 찜통에 ①의 꽈리고추를
얹어서 3~4분 찐다.

❸ 꽈리고추를 찌는 동안 볼에 분량의
재료를 모두 담고 섞어서 양념을 만든다.

❹ 그릇에 ②의 꽈리고추를 쏟아서 한 김
식힌 다음 ③의 양념을 넣고 무친다.

꽈리고추는 고추 중에서도 매운맛이
덜해 먹기 좋다. 특히 꽃이 떨어져나간
부분이 어금니처럼 생긴 것이 덜 맵다.
밀가루를 묻혀 찐 다음 양념장에 무치면
부드러운 식감에 은근히 알싸한 맛이
입맛을 돋우는데, 이때 밀가루를 너무
많이 묻히면 질감이 떡처럼 되어 맛이
덜하므로 여분의 가루를 털어내는 것이
중요하다. 찜통에 찌는 것이 번거롭다면
전자레인지에 5분 정도 돌리는 것도
방법이다.

월과채

준비하기

재료(4인분)
애호박 1개, 표고버섯 50g,
목이버섯(불린 것) 50g, 쇠고기 50g,
식용유·참기름·잣가루 적당량, 소금 약간

쇠고기 양념
진간장 $\frac{1}{2}$t, 설탕 $\frac{1}{2}$t, 다진 마늘 $\frac{1}{4}$t,
다진 대파 $\frac{1}{3}$t, 참기름 $\frac{1}{4}$t, 후춧가루 약간

찹쌀전병
찹쌀가루 $\frac{1}{3}$ 컵, 끓는 물 약 2t, 소금 약간

만드는 법

❶ 찹쌀가루에 소금을 약간 넣고 끓는
물을 부어 반죽한 다음 덩어리를 반으로
잘라 밀대 모양으로 만든다. 팬에
식용유를 아주 약간 두르고 반죽을
올려 3cm 폭으로 얇게 늘여서 모양을
잡아 지진 후 식혀서 굵게 채 썬다. 이때
잣가루를 묻혀두면 들러붙지 않는다.

❷ 애호박은 길이로 반 잘라서 씨 부분을
저며내고 얇게 눈썹 모양으로 썰어
소금에 10분 정도 절인다.

❸ 표고버섯은 밑동을 잘라내
납작하게 썰고, 불린 목이버섯은 밑동을
약간 잘라내고 씻어서 1cm 폭으로 썬다.
쇠고기는 1cm 폭으로 얇고 납작하게
썬다.

❹ ②의 애호박은 마른 면포에
펼쳐놓고 물기를 살짝 걷는다.
팬에 식용유와 참기름을 섞어서 약간만
두르고 애호박을 볶아 식힌다.

❺ ③의 표고버섯과 목이버섯은 팬에
식용유와 참기름을 섞어서 약간만 두르고
볶은 후 소금으로 간해 식힌다.

❻ 쇠고기는 분량의 재료로 양념한 후
팬에 올려 고루 볶아서 식힌다.

❼ 볼에 ④, ⑤, ⑥과 ①의 찹쌀전병,
잣가루를 넣고 살살 섞어서 그릇에
담는다.

여름에 즐기던 잡채의 하나로, 당면 대신
찹쌀전병을 부쳐서 채 썰어 넣은 것이
특징이다. 둥그런 모양의 조선호박을
가리키는 '월과' 대신 요즘은 애호박을
주로 사용하는데, 애호박의 살캉하게
씹히는 식감을 살리도록 볶는 것이 조리
포인트다. 애호박을 절여 물기를 살짝 짤
때 이 절임물을 1T 정도 받아두었다가,
절인 애호박을 팬에 볶을 때 함께 넣고
볶으면 맛과 향을 더욱 잘 살릴 수 있다.

미역냉채

준비하기

재료(4인분)
미역(불린 것) 280g, 오이 6cm, 양파 60g,
미니토마토 12개, 송송 썬 쪽파 2~3T

소스
조선간장(또는 멸치액젓) 1T, 식초 3T,
설탕 1½T, 참기름 1T, 마늘즙 ½T

만드는 법

❶ 미역은 불려서 끓는 물에 데친 후
찬물에 헹궈 건져 물기를 짠다.

❷ 오이와 양파는 얇게 슬라이스한 다음
찬물에 헹궈서 건져 물기를 없앤다.

❸ 미니토마토는 씻어서 꼭지를 떼고
반으로 썬다.

❹ 볼에 분량의 소스 재료를 모두 담고
섞는다.

❺ 그릇에 ①, ②, ③을 보기 좋게 담은
후 송송 썬 쪽파를 뿌리고 ④의 소스를
곁들인다.

서양의 샐러드처럼 즐길 수 있는
메뉴다. 초고추장을 곁들일 수도 있지만,
발사믹 드레싱이나 이탤리언 드레싱 등
다양한 소스나 드레싱과도 두루두루 잘
어울린다. 미역은 생것, 말린 것, 염장한
것으로 나눌 수 있는데, 신선한 생미역은
잎이 넓고 흑갈색에 광택이 있으며
촉감이 부드러운 것이 특징이다. 가장
많이 즐기는 마른미역은 잎이 두껍고
탄력 있는 것이 좋다.

파래무침

재료(1접시분)
파래(물기 짠 것) 100g, 무 100g, 소금 1T

양념
참기름 1t, 식초 1T, 설탕 ½T, 멸치액젓 2t,
다진 마늘 1t, 송송 썬 쪽파 2줄기분,
통깨 1t, 소금 약간

만드는 법

❶ 파래는 소금을 넣고 바락바락 주무른
다음 찬물에 3~4회 헹군 뒤 건져 물기를
꼭 짠다. 볼에 훌훌 털면서 풀어 담는다.

❷ 무는 3cm 길이로 채 썬다.

❸ 파래를 담은 볼에 채 썬 무를 넣고
훌훌 털면서 섞은 다음 참기름을 먼저
넣어 섞은 후 나머지 양념을 모두 넣어
조물조물 무친다. 간을 보고 싱거우면
소금으로 간을 맞춘다.

촉감이 미끌미끌한 파래는 무와 섞으면
씹는 맛도 좋아지고, 무에 함유된 효소가
파래의 소화 흡수를 도와 그야말로
궁합이 좋다. 파래는 녹색이 선명하고
바다 향이 상쾌하게 나는 것이 신선한데,
손질할 때 소금을 넣고 바락바락 주물러
씻어야 잡냄새와 미끈거림을 없앨 수
있다. 다 씻은 후에는 일일이 체에 건져서
물기를 꼭 짜야 한다. 그래야 무칠 때
뭉치지 않고 양념이 골고루 잘 밴다.

톳밥

준비하기

재료(4인분)
쌀 2컵, 톳 200g, 소금 1T, 참기름 1T,
물 12/3컵

양념장
진간장 3T, 굵게 다진 대파 1대분,
송송 썬 쪽파 2줄기분, 다진 홍고추 1개분,
통깨 1T, 참기름 1T

만드는 법

❶ 쌀은 씻어서 소쿠리에 쏟아 물기를
털어낸 다음 젖은 면포로 덮어서 30분
정도 불린다.

❷ 톳은 소금을 넣고 주물러 씻은 후
줄기에서 잎만 떼어낸다.

❸ 냄비에 쌀을 안치고 분량의 물을
부어서 밥을 짓는다. 우르르 끓어오르면
②의 톳잎을 넣고 주걱으로 섞은 후
뚜껑을 덮어서 다시 끓인다. 밥물이
잦아들면 불을 줄여서 15분 정도
뜸을 들인다.

❹ 볼에 분량의 양념장 재료를 모두 넣고
섞는다.

❺ ③의 밥이 뜸 들면 참기름을 넣고 고루
섞은 다음 그릇에 담고 ④의 양념장을
곁들인다.

톳은 잎과 줄기의 부드러운 부분만
먹는데, 밥을 지어 먹을 때는 잎 부위만
넣는 것이 부드럽고 특유의 오독오독
씹히는 식감도 좋다. 양념장을 넣어 쓱쓱
비벼 먹으면 그야말로 별미다. 톳밥이
완성되면 먹기 직전 참기름을 섞어야
밥알이 서로 들러붙지 않아서 먹기 좋다.
생톳 대신 말린 톳을 사용할 때는 물에
30분 정도 담가두었다가 충분히 불었을
때 잘 씻어 물기를 빼고 조리하면 된다.
살짝 데쳐서 초고추장이나 된장에 무쳐
반찬으로 즐기기도 한다.

홍합미역국

준비하기

재료(4인분)
미역(불린 것) 800g, 홍합(껍데기째) 1kg,
참기름 1T, 조선간장(또는 멸치액젓) 3T

홍합 삶는 물
물 9컵, 청주 ¼컵, 대파 50g

만드는 법

❶ 불린 미역은 바락바락 주물러 씻은 후
물에 헹궈 먹기 좋은 크기로 찢는다.

❷ 홍합은 껍데기에 붙어 있는 지저분한
것을 떼어내고 깨끗이 씻는다. 냄비에
홍합을 담은 후 분량의 물과 청주, 대파를
넣고 뚜껑을 덮어서 끓인다. 국물이
우르르 끓어오르면 불을 끄고, 홍합 삶은
국물을 젖은 면포에 밭친다. 홍합은 살만
따로 발라낸다.

❸ 냄비에 참기름을 두르고 ①의 미역을
넣은 후 조선간장으로 간해서 충분히
볶는다. 여기에 ②의 홍합 삶은 국물을
붓고 푹 끓이다가 마지막에 홍합살을
넣어 한소끔 끓인다. 간을 보고 싱거우면
조선간장이나 멸치액젓으로 간을 맞춘다.

홍합, 조개, 새우 등의 해산물을 넣어
미역국을 끓이면 쇠고기를 넣었을
때보다 국물이 개운하고 담백하다.
이때 홍합이나 조개는 오래 끓이면
식감이 질겨지므로 미역국을 충분히
끓인 다음에 넣어야 맛있다. 또 미역을
볶을 때는 미역에 간을 먼저 하고 볶다가
국물을 부어서 푹 끓인다. 그래야 국물
맛이 더 진해진다. 마른 미역 대신
생미역을 사용할 때는 소금물에 주물러
씻은 후 살짝 데쳐서 쓴다.

도토리묵무침

준비하기

재료(4인분)
도토리묵 1모(400g), 채소(상추, 쑥갓, 오이 등) 100g

양념장
진간장 2T, 고춧가루 1t, 설탕 1T, 식초 1T, 들기름 1T, 통깨 1t

채소무침 양념
고춧가루 2t, 설탕 1½t, 식초 2t, 참기름 1t, 통깨 1t, 고운 소금 ⅓t

만드는 법

❶ 냄비에 도토리묵을 담고 물을 넉넉히 부어서 10분 정도 데친 후 식힌다.

❷ 상추와 쑥갓 등 잎채소는 씻어서 먹기 좋은 크기로 썰고, 오이는 길이로 반 잘라 어슷썰기한다.

❸ 볼에 분량의 채소무침 양념 재료를 모두 담고 섞은 후 ②의 채소를 넣어 고루 무친다.

❹ ①의 도토리묵은 가로세로 4×3cm, 1cm 두께로 썰어 접시에 담고, ③의 채소무침을 얹는다.

❺ 분량의 재료를 모두 섞어 만든 양념장을 ④의 도토리묵무침에 곁들인다.

저칼로리 식품으로 소화도 잘되는 도토리묵. 주로 채소와 함께 무쳐 먹는데, 재료를 한데 섞고 양념장을 끼얹어 무치는 경우가 대부분이다. 그런데 이렇게 하면 도토리묵이 깨져 보기에 맛깔스럽지 않다. 맛과 영양, 모양새까지 챙기려면 양념장은 종지에 담아 따로 곁들이고, 채소도 따로 무쳐서 얹는 것이 좋다. 채소무침은 도토리묵에 아삭한 식감을 더해줄 뿐 아니라 비타민과 식이섬유를 보충해준다.

탕평채

준비하기

재료(4인분)
청포묵 1모(400g), 숙주 80g, 쇠고기 80g,
미나리 50g, 홍고추 1개, 달걀 1개,
참기름 1T, 소금·식용유 약간씩, 물 ¼컵

청포묵 양념
참기름 ½T, 소금 약간

쇠고기 양념
진간장 2t, 다진 파 ½t, 설탕 ½t,
참기름 ¼t, 다진 마늘·후춧가루 약간씩

만드는 법

❶ 청포묵은 가늘게 채 썰어 끓는 물에
데친다. 묵이 말갛게 익으면 체에 쏟아서
물기를 뺀 후 참기름과 소금을 넣고
무쳐서 식힌다.

❷ 숙주는 대가리와 뿌리를 떼어내고
다듬어 씻어서 냄비에 담고, 분량의 물과
소금을 약간 넣어 섞은 다음 뚜껑을 덮고
삶는다. 우르르 끓어오르면 불을 끄고
1분 정도 있다가 체에 쏟아 식힌다.

❸ 쇠고기는 채 썰어서 분량의 재료로
양념한 다음 달군 팬에 볶아서 식힌다.

❹ 미나리는 줄기를 4cm 길이로 썰어서
씻는다. 물에 소금을 약간 넣고 미나리를
데친 후 찬물에 헹궈 물기를 걷는다.

❺ 홍고추는 길이로 반 잘라서 씨를
털어내고 4cm 길이로 채 썬다.

❻ 달걀은 흰자와 노른자를 섞어서 푼
다음, 달군 팬에 식용유를 두르고 지단을
부쳐 4cm 길이로 채 썬다.

❼ 볼에 청포묵, 숙주, 볶은 쇠고기, 미나리,
홍고추를 넣고 소금과 참기름으로
무쳐 그릇에 담은 후 ⑥의 달걀지단을
고명으로 얹는다. 소금과 참기름을 음식
주변에 뿌려 장식해도 좋다.

청포묵무침이라고도 부르는 탕평채는
한식 중에서도 오미와 오색이 조화를
이루는 대표 음식으로, 전채 요리로
제격이다. 황필수의 <명물기략>에 의하면
정조 때 사색 당파의 탕평을 바라는
마음에서 갖은 나물을 섞은 음식에
탕평채란 이름을 붙였다고 한다.
이렇듯 탕평채에는 한쪽으로
치우치기보다는 함께 어우러져
균형을 이루며 살라는 옛사람들의
바람이 담겨 있다.

밤타락죽

재료(4인분)

밤(껍데기째) 300g, 찹쌀가루 ½컵, 우유
2컵, 소금 $^2/_3$~1t, 고명용 삶은 밤 2개,
물 1컵

만드는 법

❶ 밤은 껍데기째 김이 오른 찜통에 넣고
30분 정도 찌거나 끓는 물에 삶는다.
반으로 잘라서 작은 숟가락으로 속을
파낸 후 믹서에 넣고 분량의 물을 부어서
곱게 간다.

❷ 마른 냄비에 찹쌀가루를 넣고
노르스름한 색이 날 때까지
나무 주걱으로 저으면서 볶는다.

❸ ②의 냄비에 ①의 밤 간 것과
우유를 넣고 나무 주걱으로 저으면서
중간 불에서 10분 정도 끓인 후
소금으로 간한다.

❹ 그릇에 ③의 죽을 담고, 따로 준비해둔
고명용 삶은 밤을 치즈 그레이터로
갈아서 뿌린다.

타락은 '동물의 젖'을 일컫는 말로,
대표적인 것이 우유다. 찹쌀가루를
노르스름하게 볶다가 우유를 부어서 끓여
만든 타락죽은 고소한 맛이 일품으로,
조선 시대 궁중에서는 '초조반'이라 하여
임금이 눈뜨자마자 허기를 달래기 위해
먹은 첫 끼니였다. 여기에 찌거나 삶은
밤을 갈아 넣고 끓이면 달큰한 맛을
더할 수 있다. 밤 품종의 하나로 한국이
원산지인 옥광은 특히 당도가 높고
밤 특유의 향도 짙어 타락죽의 맛을
더욱 풍부하게 한다.

잣죽

준비하기

재료(4인분)
쌀 1컵, 잣 1컵, 소금 2/3t, 물 41/2컵

만드는 법

❶ 쌀은 씻어서 4시간 정도 물에 불린다.

❷ 잣은 고깔을 떼고 젖은 면포로 살살 문질러 닦는다.

❸ 블렌더나 믹서에 불린 쌀과 잣을 넣고 물 2컵을 부어서 곱게 간다. 나머지 분량의 물을 섞어서 고운체에 밭친다.

❹ ③을 냄비에 쏟아 중간 센 불에서 나무 주걱으로 저으면서 끓인다. 보글보글 끓어오르기 시작하면 불을 약간 줄이고 5분 정도 더 저어가며 끓이다가 중간 불로 줄인다. 가끔씩 저으면서 10분 정도 뜸을 들이고, 마지막에 소금으로 간한다.

불로장생의 식품으로도 알려질 정도로 영양이 풍부한 잣과 쌀을 함께 갈아서 쑨 잣죽은 회복식으로도 인기다. 나무 주걱으로 계속 저으면서 쑤어야 부드럽게 완성되는데, 잣죽을 끓이다 보면 어느 순간 너무 되직해진 듯해서 물을 더 붓는 실수를 범하기도 한다. 되직하게 느껴지더라도 계속 젓다 보면 다시 묽어지므로 물을 더 붓지 않도록 한다.

버섯밥

재료(4인분)
쌀 2컵, 표고버섯 100g,
애느타리버섯 100g, 밤 8개, 물 2컵

양념장
진간장 3T, 굵게 다진 대파 3T,
송송 썬 쪽파 2줄기분, 다진 홍고추 1개분,
통깨 1T, 참기름 1T

만드는 법

❶ 쌀은 씻어서 소쿠리에 쏟아 물기를
털어낸 다음 젖은 면포를 덮어 30분 정도
불린다.

❷ 표고버섯은 기둥 끝을 약간 잘라낸 후
4~6등분하고, 애느타리버섯은 먹기
좋은 크기로 썬다..

❸ 밤은 속껍질까지 말끔히 벗겨 찬물에
담갔다가 건진다.

❹ 볼에 분량의 양념장 재료를 모두 담고
섞는다.

❺ 두꺼운 냄비에 ①의 쌀을 안치고 ③의
밤을 얹은 후 분량의 물을 부어 밥을
짓는다. 우르르 끓어오르면 뚜껑을 열고
주걱으로 섞은 다음 ②의 버섯을 얹고,
다시 한번 끓으면 주걱으로 섞은 후
불을 줄여서 15분 정도 뜸을 들인다.
여기에 ④의 양념장을 곁들이면 찬이
따로 필요 없다.

몸이 피로하고 입맛이 없을 때 두 가지
이상의 버섯으로 밥을 해 양념장만
곁들여도 더없이 훌륭한 보양식이 된다.
버섯으로 밥을 지을 때는 어느 과정에
버섯을 넣느냐에 따라 식감이 달라진다.
밥물이 우르르 끓어오른 다음에 넣으면
탱글탱글한 버섯의 신선한 맛을 볼 수
있고, 처음부터 불린 쌀과 함께 넣으면
쫄깃한 식감을 즐길 수 있다. 양념장의
건더기를 건져 밥 위에 조금씩 올려
버섯과 함께 먹는다.

표고버섯양념구이

준비하기

재료(1접시분)
표고버섯 5~6개, 들기름 2T,
송송 썬 쪽파 ½컵

양념장
진간장 1½T, 설탕 2t, 다진 마늘 1t,
다진 쪽파 2t, 후춧가루 약간

곁들이
꽈리고추 6개, 식용유 적당량, 소금 약간

만드는 법

❶ 표고버섯은 기둥 끝부분을 약간
잘라내고 씻어서 살짝 눌러 물기를
짠다. 작은 것이 아니라면 한 입 크기로
4등분한다.

❷ 팬에 들기름을 두르고 중약불에서
표고버섯을 충분히 굽는다.

❸ 꽈리고추는 꼭지를 잘라 이쑤시개로
구멍을 낸 후 팬에 식용유를 두르고
센 불에서 재빨리 볶아 소금을 뿌린다.
길이가 길다면 반으로 자른다.

❹ 분량의 재료를 모두 섞어 만든
양념장을 ②의 표고버섯에 발라가며
굽는다.

❺ 접시에 송송 썬 쪽파를 깔고 ④의 구운
표고버섯을 올린 다음 ③의 꽈리고추를
곁들인다.

표고버섯은 한국뿐 아니라 중국,
일본에서도 즐겨 먹는 식재료다. 특유의
향긋한 향과 쫄깃한 식감이 특징으로,
구이로 먹으면 별미다. 이때 중약불에서
은근하게 굽다가 양념장을 발라가며
구워야 쫄깃한 식감이 살아나고 타지
않는다. 마른 표고버섯을 불려서 구우면
진한 풍미와 쫄깃한 맛을 더욱 만끽할 수
있다. 생표고버섯보다 말린 표고버섯이
맛과 향은 물론, 영양 면에서도 뛰어나
생표고버섯을 일부러 반나절 정도 햇볕에
말려 사용하기도 한다.

능이버섯참기름무침

준비하기

재료(4인분)
능이버섯(손질한 것) 200g,
소금 ¼t, 참기름 1T, 송송 썬 쪽파 ½컵

그 밖의 양념
소금·참기름 약간씩

만드는 법

❶ 능이버섯은 밑동의 흙을 칼로 저며내고 길이로 큼직하게 찢는다.

❷ 끓는 물에 ①의 능이버섯을 넣고 2분 정도 데친다. 건져서 흐르는 물에 기둥과 갓을 문질러가며 깨끗이 씻은 다음 길이로 얇게 찢어서 물기를 꼭 짠다.

❸ 볼에 ②의 능이버섯을 담고 분량의 소금과 참기름을 넣어 무친 다음 접시에 가지런히 올린다. 밑동 쪽에 송송 썬 쪽파를 솔솔 뿌린 다음 전체적으로 한 번 더 소금을 약간 뿌리고 참기름을 살짝 끼얹는다.

능이는 송이와 함께 한국의 버섯 중 최고로 꼽는 자연산 버섯이다. 향은 물론 식감이나 약리작용도 최고인 만큼 살짝 데친 숙회로 조리해 버섯 자체의 풍미를 즐기거나, 양념을 최소화하는 것이 좋다. 야생 버섯이므로 가장 주의해야 할 점은 바로 손질이다. 버섯의 기둥 끝에 묻어 있는 흙을 세심하게 저며내고, 갓과 줄기 부분까지 물에 꼼꼼하게 씻어야 한다. 불고기 양념을 해서 볶거나 전골로 즐겨도 좋다.

모둠버섯볶음

준비하기

재료(4인분)
여러 가지 버섯(표고, 새송이, 애느타리,
백만송이, 말린 목이 등 손질한 것) 200g,
마늘 3쪽, 들기름 4T, 송송 썬 쪽파 4T,
소금 약간

만드는 법

❶ 표고버섯은 기둥 끝의 단단한
부분을 잘라내고 길이로 6등분한다.
새송이버섯은 반 토막 내서 굵게 찢는다.
애느타리버섯과 백만송이버섯은
끝부분을 잘라내고 한 가닥씩 뗀다.
말린 목이버섯은 미지근한 물에 불린 뒤
물기를 꼭 짜서 먹기 좋게 썬다.

❷ 마늘은 얇게 슬라이스한다.

❸ 달군 팬에 들기름을 두르고
슬라이스한 마늘을 볶다가 노릇해지면
①의 여러 가지 버섯을 넣고 볶는다. 불을
끈 후 송송 썬 쪽파와 소금을 넣고 섞어서
그릇에 담는다.

여러 가지 버섯을 한데 모아 들기름으로
볶고 소금으로 간한 초간단 음식이다.
버섯 자체의 담백한 맛을 더욱 즐기고
싶다면, 들기름을 최소한으로 두르고
육수나 물을 약간 부어서 볶는다.
이렇게 하면 부드럽게 볶이면서 기름양도
줄일 수 있다. 기호에 따라 들깻가루를
뿌리거나 통깨를 갈아서 듬뿍 뿌리면
맛과 영양을 보충할 수 있다. 들기름이
없을 때는 식용유나 올리브유 등을
사용해도 좋다.

함께한
사람들

자문과 감수

정혜경

호서대학교 식품영양학과 교수로 재직
중이며, 한국식생활문화학회 회장과
대한가정학회 회장을 역임했다. 한국
음식 문화의 역사와 과학성에 매료돼
30년 이상 한국의 밥과 장, 전통주 문화,
고조리서, 종가 음식 등을 연구해왔다. 또
한식의 과학화를 위해 김치 품질 측정기,
한방 맥주 등의 제품 특허를 취득하기도
했다. <천년 한식 견문록> <밥의 인문학>
<채소의 인문학> <고기의 인문학> 등의
저서가 있다.

요리 자문과 요리

노영희

한국을 대표하는 푸드 스타일리스트이자
요리 연구가다. 미쉐린 1스타 한식당
'품 서울'의 셰프로 '밥을 지어' 세상과
소통하며, 한국 음식이 정체되지 않고
끊임없이 진화해나가는 것을 보여주는
주인공이기도 하다. 뛰어난 안목과
취향으로 갤러리를 겸하는 '노영희의
그릇'을 운영 중이며, 유튜브 등 다양한
채널을 통해 한국의 음식과 식문화를
알리기 위한 노력을 꾸준히 이어가고
있다. 2019년엔 품 서울의 10주년을 맞아
기념 책자 <POOM>을 발간하기도 했다.

글

한경구
서울대학교 자유전공학부
교수로 재직하다 2020년 12월
유네스코한국위원회 21대 사무총장에
취임했다. 문화 전반을 아우르는
통찰력과 대중적 필력으로 유네스코
한국위원회 문화분과위원 등 다양한
활동을 거쳤으며, <세계의 한민족:
아시아·태평양> 등 저서와
<시화호 사람들은 어떻게 되었을까>
<인류학 민족지 연구 어떻게 할 것인가>
등의 공저가 있다.

최낙언
서울대학교와 대학원에서 식품공학을
전공했고, (주)편한식품정보의 대표이다.
주 관심사는 '새로운 지식의 시각화
도구'를 만드는 것으로, 직접 회사를
설립한 이유이기도 하다. <식품에 대한
합리적인 생각> <불량지식이 내 몸을
망친다> <진짜 식품첨가물이야기>
<감칠맛과 MSG 이야기> <맛 이야기> 등
다수의 저서를 펴냈다.

주영하
서강대학교에서 역사학을, 한양대학교
대학원에서 문화인류학을 공부하고 중국
중앙민족대학교 대학원 민족학·사회학
대학에서 민족학(문화인류학) 박사
학위를 받았다. 현재 한국학중앙연구원
한국학대학원 민속학 담당 교수로
재직하고 있다. 저서 <음식인문학> <식탁
위의 한국사> <한국인, 무엇을 먹고
살았나> <맛있는 세계사> 등을 통해
음식의 역사와 문화가 지닌 세계사적
맥락을 살피는 연구를 꾸준히 하고 있다.

이내옥
미술사학자로, 34년간 국립박물관에서
근무하며 진주·청주·부여·대구·춘천의
국립박물관 관장과 국립중앙박물관
유물관리부장 및 아시아부장을 지냈다.
한국 미술사 연구와 박물관에 기여한
공로를 인정받아 한국인 최초로 미국
아시아 파운데이션에서 수여하는 아시아
미술 펠로십을 수상했으며, <문화재
다루기> <공재 윤두서> <백제미의 발견>
<안목의 성장> 등의 저서를 펴냈다.

윤덕노
음식에 얽힌 역사와 문화를
발굴해 스토리를 입히는 작업에
앞장서고 있다. <매일경제신문>
사회부장·국제부장·부국장을
역임했으며, 미국 클리블랜드 주립대학교
객원 연구원을 지냈다. <음식으로 읽는
한국 생활사> <음식이 상식이다> <신의
선물 밥> 등 음식 문화와 관련한 다수의
저서를 출간했다.

강판권
계명대학교 사학과 교수로, 별명이
'나무인간'일 정도로 나무에 푹 빠져
살고 있다. 나무를 인문학으로 연구하는
수학樹學, 역사를 생태로 연구하는
생태사학生態史學을 구축하는 데 힘을
쏟고 있다. 저서로는 <나무예찬> <나무는
어떻게 문화가 되는가> <숲과 상상력>
<위대한 치유자, 나무의 일생> 등이 있다.

정종수
중앙대학교 대학원에서 '조선 초기
상장의례 연구'로 박사학위를 받았다.
오랫 동안 역사민속학과 상·장례에
관해 연구했으며 국립춘천박물관 관장,
국립민속박물관 유물과학과 과장,
국립고궁박물관 관장을 역임했다. 저서로
<계룡산> <풍수로 본 우리 문화 이야기>
<사람의 한평생> 등이 있다.

김준
광주전남연구원 책임연구위원,
국제슬로푸드한국협회 슬로피시
위원장으로 일하면서 어촌, 바다, 섬,
갯벌의 가치를 기록하고 있다.
<바닷마을 인문학> <한국 어촌사회학>
<김준의 갯벌 이야기> <섬 문화 답사기>
등을 펴냈다.

색인

사진과 그림 저작권

한식의 비밀

기획	<행복이 가득한 집>
편집장	구선숙
아트 디렉팅	김홍숙
책임 편집	최혜경
자문	정혜경
요리·스타일링	노영희
진행	신민주
비주얼 디렉팅	서영희
사진	박찬우
미디어 부문장	김은령
영업부	문상식, 소은주
제작부	정현석, 민나영
출력	새빛그래픽스
인쇄	문성인쇄

발행인	이영혜
1판 1쇄	펴낸날 2021년 9월 30일
1판 2쇄	펴낸날 2021년 12월 15일
발행 공급처	(주)디자인하우스
	서울시 중구 동호로 272
	www.designhouse.co.kr
등록	1987년 4월 9일, 라-3270
대표전화	02-2275-6151
판매 문의	02-2263-6900
ISBN	978-89-7041-745-5 (14590)
값	200,000원(5권 세트)

이 책은 오뚜기함태호재단의 지원을 받아 만들었습니다.